本頁圖：主力戰艦的設計、建造和服役週期越來越長。英國皇家海軍「伊麗莎白女王」號航空母艦從初始設計研究到服役將用去20多年的時間。

當代世界各國海上力量

康拉德·沃特斯　著

陳傳明　王志波　譯

書　　名　當代世界各國海上力量

著　　者　康拉德·沃特斯

译　　者　陳傳明　王志波

叢書策劃　西風

責任編輯　西風

繁體中文審核　謝俊龍

出　　版　全球防务出版公司

發　　行　香港聯合書刊物流有限公司

　　　　　香港新界大埔汀麗路36號3字樓

版　　次　2012年10月香港第一版第一次印刷

規　　格　16開（170×230毫米）　224面

ISBN-13　978-1-60633-534-5

目錄

目錄

阿爾及利亞

近些年來，由於購買力的提升，北非地區國家的海軍在軍備採購方面越來越活躍。受益於這一趨勢的一個國家是阿爾及利亞，它正從俄羅斯採購另外的2艘「基洛」級潛艇。二十世紀八〇年代阿爾及利亞就從蘇聯採購了2艘該級潛艇。阿爾及利亞還從奧古斯塔維斯特蘭直升機公司訂購了AW-101「灰背隼」和「超山貓」直升機，且還在市場上尋求新的導彈護衛艦。據稱法國的FREMM護衛艦最有可能成為其採購對象，此外，德國和英國的造船廠也在參與競標。

下圖：在共青城以及其他兩個造船廠建造的「基洛」級柴電動力潛艇的設計方案源於航程較遠的「T」級潛艇。儘管該級潛艇的蓄電池組在較熱環境下會出現許多問題，其對於北非、中東和遠東地區等國的出口量還是相當可觀的。

阿根廷

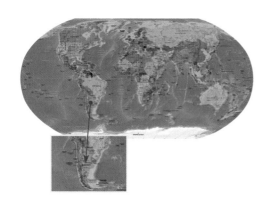

安」號潛艇和TNC45「可畏」號快速攻擊艇。但是裝備新艦對阿根廷海軍來說仍然是一種奢望。近些年阿根廷海軍越來越重視近海巡邏任務，希望以智利的「多瑙河IV」計畫的1800噸近海巡邏艦（以德國法斯莫爾造船公司許可的OPV 80設計的基礎）為基礎採購新一級近海巡邏艦，但是這個計畫由於預算削減而幾度後延，困難重重。

阿根廷海軍是南美洲三大海軍（即ABC俱樂部，阿根廷、巴西和智利）之一。受福克蘭群島戰爭陰影的影響，阿根廷海軍在20多年的時間裡無法獲得足夠的預算。阿根廷海軍翻新TR1700型「聖塔·克魯茲」級「聖·胡

阿根廷海軍目前水面艦隊的主力為4艘「梅科」 360型「布朗上將」級驅逐艦和6艘「梅科」 140型「埃斯波拉」級護衛艦，前者一九八三～一九八四年間從德國採購；後者較小，是一九八五～二〇〇四年從德國採購的。除此之外，阿根廷海軍還裝備了法國建造的3艘A-69型「卓蒙德」級輕型護衛艦，以及1艘209型/1100「薩爾塔」級潛艇。

下圖：一九七九年，阿根廷在決定訂購6艘體形較小的「梅科」140型護衛艦（即阿根廷本土建造的「埃斯波拉」級）之後，修改了一九七八年的「梅科」360型驅逐艦的訂單，訂購數量從6艘減為4艘。如今，4艘「梅科」360型驅逐艦均在服役，基地設在德塞阿多港，它們還能用作旗艦。

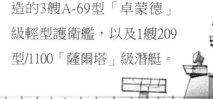

類型	級別	數量	噸位	尺寸(米)	艦員	服役日期
主力水面護航艦						
導彈驅逐艦	「布朗海軍上將」級（「梅科」360）	4	3600噸	126×15×6	200人	1983年
導彈護衛艦	「埃斯波拉」級（「梅科」140）	6	1500噸	91×10×4	95人	1985年
輕型護衛艦	「卓蒙德」級（A-69）	3	1200噸	80×10×5	95人	1978年
潛艇						
常規潛艇	「聖塔‧克魯茲」級（TR1700）	2	2300噸	66×7×7	30人	1984年
常規潛艇	「薩爾塔」級（209型）	1	1200噸	54×6×6	30人	1974年

阿根廷海軍主力艦艇構成

右圖：「羅薩萊斯」號是在裡約聖地亞哥的AFNE船廠建造的，雖然在一九八三年已經下水，但由於財政問題一直拖延到一九八六年才服役。「埃斯波拉」級最後2艘戰艦可能裝備不同的電子戰系統。

「埃斯波拉」級（「梅科」140型）導彈護衛艦

動力系統：2臺「皮爾斯蒂克」柴油機，輸出功率為15 200千瓦（20 385軸馬力），雙軸推進

性　　能：航速27節，續航力7 400公里（4 600英里）/18節

武器系統：4座集裝箱式MM.38「飛魚」反艦導彈發射裝置；1門76公厘口徑（3英寸）火砲和2門雙聯裝40公厘口徑防空火砲；2具三聯裝324公厘口徑（12.75英寸）ILAS 3魚雷發射管，配備12枚「懷特黑德」A244/S 反潛魚雷

電子系統：1部DA-05型對空/對海搜索雷達，1部TM1226型導航雷達，1套WM-22/41火控系統，1套「西沃科」作戰信息系統，1套RQN-3B/TQN-2X電子監視系統/電子對抗系統，1部ASO-4艦體安裝的搜索/攻擊聲呐

艦 載 機：1架SA319B型「雲雀Ⅲ」直升機或者AS 555型「非洲狐」直升機

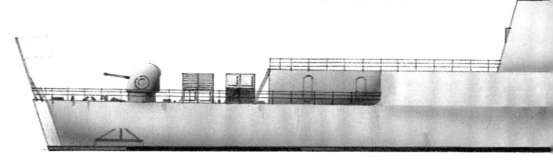

下圖：阿根廷海軍「布朗海軍上將」級導彈驅逐艦「薩蘭迪」號，該艦甲板上停放的是1架「雲雀」直升機。阿根廷海軍曾聲稱，「薩蘭迪」號的服役對於提高整個海軍戰鬥力意義重大。「布朗海軍上將」參加了一九九〇年的海灣戰爭。

下圖:「梅科」140型戰艦(即「埃斯波拉」級)基本上是由「梅科」360型驅逐艦按照一定比例縮小出來的,屬於一種輕型護衛艦,非常適合執行反艦/反潛任務。第一批3艘「埃斯波拉」級護衛艦在建造時僅裝備一個操作直升機的飛行平臺(後來將平臺加大,能夠搭載1架AS555型「非洲狐」直升機),而後一批3艘戰艦在建造時裝備了1座伸縮式機庫,這種機庫也將加裝到先前的3艘戰艦上。這些戰艦的艦艉火砲裝置的是1門「布瑞達」火砲和2門40公釐口徑「博福斯」式火砲。此外,在艦橋前部的76公釐口徑(3英寸)「奧托·梅萊拉」火砲的後上方也將安裝1套此類火砲裝置。

下圖:阿根廷海軍「布朗海軍上將」級導彈驅逐艦「薩蘭迪」號,該艦甲板上停放的是1架「雲雀」直升機。阿根廷海軍曾聲稱,「薩蘭迪」號的服役對於提高整個海軍戰鬥力意義重大。「布朗海軍上將」參加了一九九〇年的海灣戰爭。

「布朗海軍上將」級導彈驅逐艦

動力系統：羅爾斯·羅伊斯公司的燃氣輪機，2臺「奧林巴斯」TM3B型發動機，輸出功率為37 280千
瓦（50 000軸馬力）；2臺「泰恩」RM1C型發動機，輸出功率7 380千瓦（9 900軸馬
力），雙軸推進

武器系統：2座四聯裝MM.40「飛魚」艦對艦導彈發射裝置；1座「信天翁」八聯裝導彈發射裝
置，配備24枚「蝮蛇」防空導彈；1門127公厘口徑（5英寸）火砲；4門雙聯裝40公
厘口徑防空火砲；2門20公厘口徑火砲，以及2具三聯裝324公厘口徑（12.75英寸）
ILAS3型魚雷發射管，配備18枚「懷特黑德」A244反潛魚雷

電子系統：1部DA-08A對空/對海搜索雷達，1部ZW-06導航雷達，1部STIR（監視與目標指示雷
達）火控雷達，1套德國通用電力德律風根公司研製的電子監視系統，2座「斯科拉
爾」和2座「達蓋」誘餌發射裝置，1部DSQS-21BZ型主動式艦體聲吶

艦 載 機：1架或2架AS555型「非洲狐」直升機

下圖：請注意「巾幗英雄」號驅逐艦艦艏左舷的四聯裝「飛魚」反艦導彈發射裝置，艦上最初
裝備的反艦導彈可能經過改進，成為MM.40 Block Ⅱ型「標準」反艦導彈。此外，該艦的第
二座四聯裝導彈發射裝置位於艦體中段。

阿拉伯聯合酋長國

阿拉伯聯合酋長國海軍是波斯灣地區最小的一支海軍之一。該國阿布達比造船廠與法國的諾曼第機構公司（CMN）造艦廠合作，為該國海軍建造

6艘輕型導彈護衛艦。首批4艘的建造合同於二〇〇三年十二月二十八日簽署，其後2艘艦的合同於二〇〇五年七月簽署。首艦由法國造船廠建造，於二〇〇九年夏季下水。其他5艘艦由阿布達比造船廠建造，第6艘也就是最後1艘的建造工作於二〇〇八年十月二十六日開始。這些艦雖然長只有70公尺，但是武備卻非常強大，包括1座76公厘艦砲、8枚「飛魚」反艦導彈、1套用於海麻雀防空導彈的垂直發射系統、一套RAM近防武器系統，還有直升機甲板和機庫。

阿曼

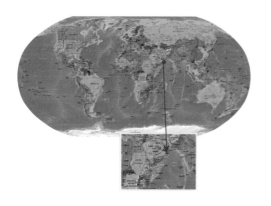

阿曼皇家海軍是一支規模小但戰鬥力很強的海軍力量,其主力艦艦艇包括2艘「卡亞」級輕型導彈護衛艦、3艘「阿爾布什拉」級近海巡邏艦以及4艘較老的「佐法爾」級快速攻擊艇。其中,「阿爾布什拉」級近海巡邏艦

建造於二十世紀九〇年代中期。二〇〇七年一月,為了滿足「卡瑞夫計畫」的需要,阿曼皇家海軍與英國BVT水面艦隊造船公司簽署了一份總額為4億英鎊(6.5億美元)的合同,由BVT旗下的樸茨茅斯造船廠為阿曼海軍建造3艘更大的長100公尺的遠洋巡邏艦。這些遠洋巡邏艦計畫從二〇一〇年開始交付。這些巡邏艦武備強大,系統先進,從作戰能力上已經接近輕型護衛艦。它們裝備了67公釐和30公釐艦砲、反艦和防空導彈、直升機以及SMART-S Mk2監視雷達和TACITOS作戰管理系統。

右圖:英國的BVT水面艦隊公司正為阿曼皇家海軍建造3艘類似於護衛艦的近海巡邏艦。這些艦是新一級的現代化戰艦,裝備了泰李斯尼德蘭(荷蘭)公司的SMART-S Mk2型監視雷達。

埃及

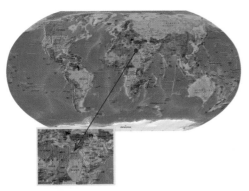

　　埃及海軍兵力約有2萬人。有「R」級潛艇8艘、「法塔赫」級驅逐艦1艘、「穆巴拉克」級護衛艦2艘、「蘇伊士」級護衛艦2艘、「勝利者」級護衛艦2艘,「達米亞特」(美式「諾克斯」)級護衛艦2艘。

上圖:蘇聯海軍只留下少數「R」級潛艇供自己使用,而將剩餘的潛艇出售或者出借給阿爾及利亞、保加利亞、埃及和敘利亞等國。

「R」級潛艇

排 水 量：水面1 475噸，水下1 830噸

艇體尺寸：長76.6公尺；寬6.7公尺；吃水5.2公尺

推進系統：2臺柴油發動機，輸出功率2 940千瓦；2臺電動機，雙軸驅動

航 　 速：水面15.2節，水下13節

續 航 力：14 484 公里（以9節水面航速）

武器系統：8具533公厘口徑魚雷發射管，其中6具置於艇艏，2具置於艇艉

基本戰鬥載荷：15枚533公厘口徑反艦或反潛魚雷，或者28枚水雷

電子裝置：1部對海搜索雷達、1部「湯姆森—辛特拉」攔截聲吶（有些潛艇配備），1部高頻主
　　　　　動/被動搜索和攻擊聲吶

艇員編制：54人（軍官10人）

澳大利亞

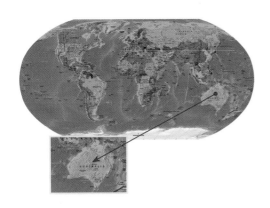

澳大利亞海軍可是說是亞洲太平洋地區國家中規模較小但效率最高的一支海軍力量,目前主要由水面護衛艦艇和常規潛艇組成。除了一線主力艦船外,澳大利亞皇家海軍還裝備了大量的巡邏艦艇,用來監控其廣闊的近海海域。表中列出了澳大利亞皇家海軍的主力艦艇的構成。在二〇〇六~2016國防能力計畫作出決定之後,這支海軍的作戰能力有了重大提升,主要表現是:根據SEA4000計畫採購了本國建造的3艘防空導彈驅逐艦;根據JP2048 A/B階段計畫採購了2艘新的兩棲攻擊艦。澳大利亞皇家海軍對兩棲作戰艦的需求是在二〇〇三年的戰略評估中首次提出來的。澳大利亞在執行這些造艦計畫的時候,都與西班牙艦船建造商納凡蒂亞公司進行了緊密的合作。

澳大利亞皇家海軍的3艘防空導彈驅逐艦將在F-100防空護衛艦的基礎上改進而來,計畫於二〇一三~二〇一七年間進行建造,採購合同總額預計為80億澳元。整個計畫都是由雷神澳大利亞公司和ASC造船廠組成的防空驅逐艦聯盟(簡稱AWD聯盟)來負責的。澳大利亞皇家海軍已經決定,利

澳大利亞皇家海軍主力艦艇構成						
類型	級別	數量	噸位	尺寸(米)	艦員	服役日期
主力水面護航艦						
導彈護衛艦	「阿德萊德」級(原「佩里」級)	4	4100噸	138×14×8	220人	1980年
導彈護衛艦	「安扎克」級	8	3600噸	118×15×4	175人	1996年
潛艇						
常規潛艇	「柯林斯」級	6	3350噸	78×8×7	45人	1996年

用美國的宙斯盾作戰系統作為該級導彈驅逐艦防空作戰能力的核心，但是採購由吉伯斯·考克斯公司設計的美國海軍「阿利·波克」級導彈驅逐艦所用的宙斯盾作戰系統的改進版本，還是使用現有F-100護衛艦所用的版本，還沒有決定，需要進行競爭。後者被視為滿足澳大利亞皇家海軍需求最有效率的一種系統。儘管澳大利亞皇家海軍曾公開表示傾向於選擇美國海軍「阿利·波克」級導彈驅逐艦上改進型的宙斯盾作戰系統，主要是因為其防空導彈和直升機能力強，但是F-100導彈護衛艦艦載系統成本和風險都比較低，最終從競標中勝出。二〇〇七年六月，澳大利亞皇家海軍宣布選擇納凡蒂亞公司的設計方案，並於二〇〇七年十月和西班牙造船廠簽署了價值總額為2.85億歐元的技術轉讓協議。3艘新的防空導彈驅逐艦被命名為「霍巴特」號、「布里斯班」號和「悉尼」號，滿載排水量將在6 000噸左右，在西班牙戰

下圖：澳大利亞皇家海軍最重要的造艦計畫是總額為80億澳元的「霍巴特」級防空驅逐艦計畫。該級3艘艦已經選用了納凡蒂亞公司F-100護衛艦的設計，這些驅逐艦將由防空驅逐艦聯盟在澳大利亞建造。

艦的基礎上進了一系列的改進設計。

　　澳大利亞皇家海軍新的兩棲攻擊艦是在納凡蒂亞公司27 000噸的「胡安·卡洛斯一世」號兩棲攻擊艦（戰略防護艦）的基礎上發展而來的。根據設計要求，該級兩棲攻擊艦要有一個全通直升機甲板和後部船臺甲板，可以通過直升機或者登陸艇來運送1 000人的部隊。該級兩棲攻擊艦的建造工作是由西班牙的斐羅造船廠進行的，合同總額為24億美元，這與防空導彈驅逐艦大部分由國外建造商建造是不一樣的。BAE系統公司澳大利亞公司將製造該艦的上層建築，並在威廉姆斯鎮船廠進行最後的組裝。該級兩棲攻擊艦的首艦被命名為「堪培拉」號，二〇〇八年九月二十三日開始建造，計畫交付時間為二〇一四年初。根據現有計畫，其姊妹艦「阿德萊德」號將

下圖：潛艇是澳大利亞皇家海軍非常重要的一個部分。這是澳大利亞皇家海軍裝備的「柯林斯」級潛艇。

在之後幾年間交付。

二〇〇九年五月二日，澳大利亞政府發布了《在亞洲太平洋世界保衛澳大利亞：二〇三〇年的力量》國防白皮書，其中闡述了澳大利亞皇家海軍的未來發展戰略。該發展戰略主要是應對澳大利亞主要盟國美國新的地區競爭者的崛起，在下一個十年逐步增加國防投入，提高國防能力。在水下作戰能力方面，澳大利亞有一個雄心勃勃的發展計畫，即通過建造新一代常規潛艇取代現有「柯林斯」級潛艇，使潛艇部隊規模擴大一倍，增加到12艘。

上圖：澳大利亞皇家海軍擁有數量眾多的巡邏艦艇，用來監控其廣闊的近海海域。這是「阿米代爾」級巡邏艇「馬里波羅」號和「奧爾巴尼」號正在編隊航行。它們最終將會被更大的模塊化的近海巡邏艦所替換。

澳大利亞海軍將以1艘對1艘的方式用更大的護衛艦替換現有的「安扎克」級巡邏護衛艦，提升反潛作戰能力。此外，還將裝備新的約12艘模塊化近海作戰艦，提高其反水雷、水道測量和巡邏部隊的能力。模塊化近海作戰艦的排水量將達到2 000噸，將會和英國皇家海軍的未來水面作戰艦的

C3型艦在概念上相類似。到二○三○年，澳大利亞皇家海軍總體力量構成將如表中顯示的那樣。

澳大利亞皇家海軍未來發展的重點在水下作戰力量，但是現有的潛艇部隊的情況特別引起各界的擔憂。澳大利亞皇家海軍潛艇人員嚴重缺乏訓練，以至部隊總體戰備水平低下。澳大利亞皇家現在水面艦隊存在執勤任務過重的問題，現有一些水面艦艇在波斯灣地區維持穩定和支援阿富汗的「國際安全支援部隊」任務的基礎上，又加上為非洲之角外海的國際反海盜行動提供支援，任務負擔更重了。隨著4艘原美國海軍「佩里」級導彈護衛艦的重新服役，任務負擔過重的狀況可能會得到緩解。根據SEA1390

澳大利亞皇家海軍的未來發展（2010–二○三○年）		
艦船類型	二○一○年數量	二○三○年數量
導彈驅逐艦	0	3（＋1 option）
導彈護衛艦	12	8
常規潛艇	6	12
多用途近海巡邏艦	0	20
主力兩棲艦艇	0	2
其他兩棲艦艇	3	1
海岸巡邏艇	14	0
水雷戰艦艇	8	9

計畫，這些導彈護衛艦經過了升級，安裝了新的監視、火控和聲吶系統，安裝了用於發射改進型海麻雀導彈的垂直發射系統，並改進了現有的Mk13發射器，使其可以發射「標準」-2型防空導彈。

下圖：澳大利亞已經選擇納凡蒂亞公司的「胡安·卡洛斯一世」號兩棲攻擊艦為基礎設計建造新一級的「堪培拉」級兩棲攻擊艦。該艦的建造工作正在進行當中。這是介紹該級艦運輸能力的一個剖面圖。

上圖：澳大利亞皇家海軍的6艘「柯林斯」級潛艇屬於典型的現代化潛艇，未來有可能配置「不依賴空氣動力系統」。

右圖：由於「柯林斯」級潛艇常駐澳大利亞西海岸，澳大利亞皇家海軍因此定期出動2艘該級潛艇前往東海岸海域巡邏。圖中是澳大利亞皇家海軍「史特林」號潛艇。

「柯林斯」級巡邏潛艇

推進系統：3臺V18B/14型柴油發動機，輸出功率4 500千瓦；1臺施奈德公司製造的電動機，輸出功率5 475千瓦，單軸驅動

航　　速：水面10節，水下20節，最大續航力21 325公里（10節水面巡航速度）

下潛深度：作戰潛深300公尺

武器系統：6具533公厘口徑魚雷發射管（全部置於艇艏），配備22枚魚雷或者導彈；或者44枚水雷

電子裝置：1部1007型導航雷達，1部Scylla聲吶（配置主動/被動艇艏和被動翼側陣列），1部「卡里瓦拉」、「納拉馬」或者TB23型被動拖曳陣列聲吶，1套波音/羅克韋爾數據系統，1套AR740型電子支援系統，2臺SSE誘餌投放器

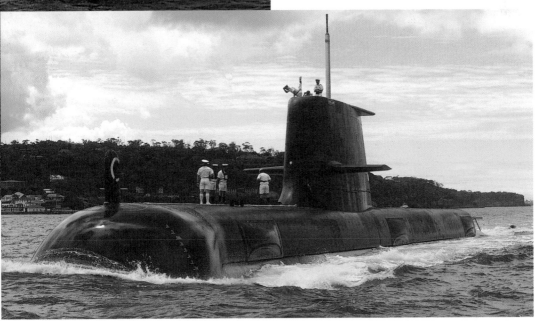

下圖："佩里"級導彈護衛艦在服役過
程中顯示出非常強大的攻擊能力。

「阿德萊德」（「佩里」）級導彈護衛艦

艦艇尺寸：搭載「蘭普斯」Ⅰ型直升機的戰艦艦長為135.6公尺；搭載「蘭普斯」Ⅲ型直升機的
戰艦艦長為138.1公尺；艦寬13.7米；吃水深度4.5公尺

動力系統：2臺通用電氣公司製造的LM2500型燃氣渦輪機，輸出功率為29 830千瓦（40 000軸
馬力），單軸推進

性　　能：航速29節，航程8 370公里（5 200英里）/20節

武器系統：1座 Mk13型單軌導彈發射裝置，配備36枚「標準」SM-1MR艦對空導彈和4枚「魚
叉」反艦導彈；1門76公厘口徑（3英寸）Mk75火砲；1套20公厘口徑Mk15「密集
陣」近戰武器系統；2具三聯裝12.75英寸（324公厘）Mk32型反潛魚雷發射管，配備
24枚Mk46或者Mk50型反潛魚雷

電子系統：1部SPS-49（Ｖ）4或5型對空搜索雷達、1部SPS-55對海搜索雷達、1部STIR火控雷
達、1套Mk92火控系統、1套URN-25「塔康」戰術導航系統、1套SLQ-32（Ｖ）2電
子監視系統系統、2座Mk36「斯羅克」6管干擾物發射器、1部SQS-56型艦體聲呐、
（從「安德伍德」號開始裝備）1部SQR-19拖曳式陣列聲呐

艦 載 機：2架SH-2F「海妖」「蘭普斯Ⅰ」直升機或SH-60B型「海鷹」「蘭普斯」Ⅲ直升機

左圖：於一九九六年
五月服役的澳大利亞
皇家海軍「安札克」
號戰艦是第一艘「安
札克」級護衛艦，這
種功能強大的護衛艦
能夠進行現代化改
進，從而改裝成為導
彈護衛艦。

上圖：澳大利亞皇家海軍「阿倫塔」號護衛艦最初命名為「阿倫塔」號，是澳大利亞第二艘「安札克」級護衛艦。最初的2艘護衛艦在改裝時加裝了改進型「海麻雀」防空導彈，最後6艘護衛艦在建造時就裝備了該型防空導彈。

「安札克」級護衛艦

排 水 量：滿載排水量3 600噸
動力系統：1臺通用電氣公司LM2500型燃氣渦輪機，輸出功率為22 495千瓦（30 170軸馬力）；2臺MTU12V 1163 TB83型柴油機，輸出功率為6 590千瓦（8 840軸馬力），單軸推進
性　　能：航速27節，航程11 105公里（6 900英里）/18節
武器系統：1門127公厘口徑（5英寸）火砲；1座八聯裝導彈垂直發射系統，配備8枚「海麻雀」或者1座四聯裝導彈發射裝置，配備32枚「改進型海麻雀」防空導彈；2具三聯裝324公厘口徑（12.75英寸）魚雷發射管，配備Mk46 反潛魚雷
電子系統：1部SPS-49（V）8型對空搜索雷達、1部9LV 453 TIR型對空/對海搜索雷達、1部9600 ARPA型導航雷達、1部9LV453型火控雷達、1套9LV453 Mk3戰鬥數據系統、1部9LV453光電指揮儀、1部「賽普特A」和 PST-1720「特雷貢」10型電子監視系統、1座誘餌發射裝置、1個SLQ-25A型拖曳式魚雷誘餌、1部Spherion B型艦體安裝的主動聲吶
艦 載 機：1架 S-70B或者SH-2G型直升機
人員編制：163人

巴基斯坦

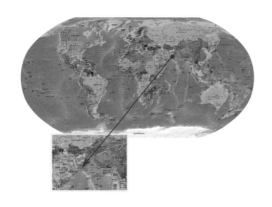

地區敵手。但是最近一些年，巴基斯坦海軍的發展已經遠遠落在了印度海軍的後面。這一方面是由於兩國經濟實力對比懸殊，另一方面巴基斯坦國內穩定存在問題，保障國內安全分散了巴基斯坦本已有限的國防預算。儘管不斷採取措施挽救這一態勢，但是巴基斯坦海軍的

歷史上，巴基斯坦伊斯蘭共和國海軍曾經是印度海軍在印度洋上的主要

下圖：巴基斯坦海軍21型導彈護衛艦「提普·蘇爾坦」號在阿拉伯海航行。巴基斯坦迫切需要新建造艦艇來升級自己的水面艦隊。

規模已然下降。不僅如此,其大部分裝備都已過時。

巴基斯坦海軍主力水面艦艇為兩種,一種是一九九三～一九九四年從英國皇家海軍那裡獲得的二十世紀七〇年代水平的6艘21型導彈護衛艦,這些護衛艦都經過了現代化改裝;另一種是現代化的F－22P「佐勒菲凱爾」級巡邏護衛艦,該艦滿載水量約2 500噸,長約118公尺,採用全柴聯合動力推進,航速可達29節。除了採購新的戰艦外,巴基斯坦海軍還希望通過採購二手艦艇來提高其戰力水平。希臘的「埃利」級導彈護衛艦(原荷蘭的「科頓埃爾」級)、美國的「奧里弗·哈澤德·佩里」級導彈護衛艦以及英國的42型驅逐艦都是可能被巴基斯坦海軍選擇的戰艦。巴基斯坦海軍可能會採購6艘艦艇以一對

一的方式來替換目前的21型護衛艦。

和水面艦艇相比,巴基斯坦海軍的潛艇要先進得多。巴基斯坦早在一九九四年就從法國訂購了3艘「阿古斯塔」90B 「哈利德」級潛艇並於二〇〇八年九月二十六日,所有3艘潛艇均已進入巴基斯坦海軍服役。最後一艘潛艇為「哈姆扎」號。該級潛艇中的第二艘「薩德號」和第三艘「哈姆扎」號都是由巴基斯坦本國的造船廠建造的,這提高了巴基斯坦造船工業能力。「哈姆扎」號潛艇與前兩艘相比,獨特之處在於裝備了DCNS的MESMA型AIP系統,這種潛艇可以在水下不受干擾地連續活動三周左右。因為這一系統,「哈姆扎」號潛艇艇體要比前兩艘長8.7公尺。將來前兩艘進入大修階段也將裝備該系統。目前巴基斯坦海軍還有老舊的

類型	級別	數量	噸位	尺寸(米)	艦員	服役日期
主力水面護航艦						
導彈護衛艦	「啟明星」級 (21型)	6	3 600噸	117×13×7	180人	1974年
潛艇						
常規潛艇	「哈姆扎」 (「阿古斯塔」90B/AIP)	1	2 050噸	76×7×6	40人	2008年
常規潛艇	「哈立德」級 (「阿古斯塔」90B)	2	1 750噸	68×7×6	40人	1999年
常規潛艇	「哈什馬特」級 (「阿古斯塔」)	2	1 750噸	68×7×6	55人	1979年

「女神」級潛艇以及2艘二十世紀七〇年的「阿古斯塔」潛艇在役。前者於二〇〇六年退役，巴基斯坦需要新潛艇來替換這些潛艇。有報道稱，巴基斯坦可能會選擇德國裝備了AIP推進系統的214型潛艇，這主要是因為法國向印度出售「鮋魚」級潛艇技術使巴基斯坦深感不安。

下圖：二〇〇六年八月，巴基斯坦海軍裝備了AIP推進系統的「哈姆扎」號潛艇在卡拉奇造船及機械製造廠下水。巴基斯坦將翻新其另外兩艘「阿古斯塔」90B型潛艇上的AIP設備。

 # 巴西

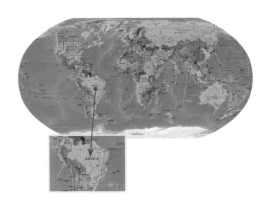

　　和阿根廷海軍一樣，巴西海軍也曾一度遇到預算緊張的困難，但近些年巴西國家領導層越來越強調軍事力量對國家的重要性，強調提高軍費投入促進軍事力量的現代化，所以巴西海軍的未來似乎要比阿根廷海軍好得多。巴西和許多美洲國家一樣，需要強大的海上力量來保衛其近海海洋資源，所以海軍無疑是軍事現代化建設的重點，可以獲得充足的預算。

右圖：在美國發起的UNITAS演習中，阿根廷海軍「布朗上將」號導彈護衛艦、巴西海軍「拉德梅克」號導彈護衛艦以及西班牙海軍「聖·瑪利亞」號導彈護衛艦正在編隊航行。巴西正在為其海軍建設持續投入資金，建造新的水面作戰艦，而阿根廷的水面艦隊將繼續受制於缺乏預算的窘境。

　　巴西海軍希望加強水下作戰力量建設，裝備更先進的常規動力潛艇，並最終可以擁有核動力攻擊潛艇。二〇〇八年十二月二十三日，巴西政府與法國艦艇建造局（DCNS）簽署了一份合同，以67億歐元（合94億美元）的價格為巴西海軍建造4艘以「鮋魚」級潛艇為基礎的常規動力潛艇以及1艘核動力潛艇。DCNS成了巴西海軍潛艇發展計畫的戰略

合作者。除了法國的DCNS外，巴西本國的歐德布萊克特公司（一家能源公司）也參與到了這項潛艇發展計畫中。第一艘潛艇二〇一五年交付之前，巴西將在里約熱內盧建設一個新的潛艇基地。這些新潛艇大部分的技術都是由法國提供的，但是核動力攻擊潛艇的推進系統將完全由巴西自主設計和建造。

巴西海軍還向法國求助，發展其新一代的近海巡邏艦，以法國CMN造船公司的「義警」400 CL54近海巡邏艦為基礎在巴西本土建造500噸級的NAPA 500級巡邏艦。2艘該型艦船已經進入建造的最後階段，二〇〇八年九月有關各方還簽署了另外幾艘該型艦船的許可協議。巴西政府強調要加強對其廣闊的專屬經濟區的監管，這意味著可能會採購更多這樣的巡邏艦。巴西政府還在考慮是否採購更大的巡邏艦。

巴西海軍目前裝備了「聖保羅」號航空母艦（原法國海軍「福熙」號航空母艦）、5艘以209型潛艇為基礎發展的潛艇、9艘「佩刀」級和「尼泰羅伊」級導彈護衛艦，以及5艘較小的輕型導彈護衛艦。5艘輕型導彈護衛艦中，最新的是在原「伊哈烏馬」級輕型導彈護衛艦的基礎上改進而來的「巴羅索」號導彈護衛艦。該艦在開工建造近一四年之後，

巴西海軍主力艦艇構成						
類型	級別	數量	噸位	尺寸(米)	艦員	服役日期
航空母艦						
航空母艦	「聖保羅」（原「福熙」號）	1	33 500噸	265×32/51×9	1 700人	1963年
主力水面護航艦						
導彈護衛艦	「格林哈爾」級（22型第1批次）	3	4 700噸	131×15×6	270人	1979年
導彈護衛艦	「尼泰羅伊」級	6	3 700噸	129×14×6	220人	1976年
輕型護衛艦	「伊哈烏馬」級	4	2 100噸	96×11×5	125人	1989年
輕型護衛艦	「巴羅索」級	1	2 400噸	103×11×6	145人	2008年
潛艇						
常規潛艇	「蒂庫那」級（209型改進）	1	1 600噸	62×6×6	40人	2005年
常規潛艇	「圖皮」級（209型）	4	1 500噸	61×6×6	30人	1989年
主力兩棲艦						
船塢登陸艦	「塞阿拉」級	2	12 000噸	156×26×6	350人	1956年

左圖：第二艘「克萊蒙梭」級航空母艦「福煦」號於一九五七年開工建造，一九六○年下水，一九六三年加入現役。拍攝圖中這幅照片時，該艦已經更名為「聖保羅」號並加入巴西海軍服役。

終於在二○○八年八月十九日交付。巴西海軍從英國手中購買了2艘「騎士」級後勤登陸艦，大大提高了兩棲作戰能力。「貝迪維爾爵士」號改名為「薩波亞海軍上將」號，於二○○九年五月二十一日服役；其姊妹艦「加拉哈德爵士」號早以新名字「加西亞·德阿維拉」號在巴西海軍服役。

左圖：「聖保羅」號於二○○一年二月駛抵巴西，立即取代了「米納斯·吉拉斯」號航空母艦。從科威特購買的「天鷹」戰鬥機標誌著巴西海軍進入一個新的時代，該型機掛載AIM-9「響尾蛇」導彈，主要擔負空中作戰巡邏任務。

「聖保羅」號航空母艦

動力裝置：2軸推進，蒸汽渦輪機，輸出功率93 960千瓦 (126 000軸馬力)

武　　器：12.7公厘（0.5英寸）機槍

飛　　機：15架AF-1「天鷹」戰鬥機、4~6架ASH-3「海王」直升機、3架UH-12/UH-13「軍旗」戰鬥機、2架UH-14「超級美洲豹」直升機、206B型教練機

電子裝置：1部DRBV 23B型對空搜索雷達、1部DRBV 15型對空/海搜索雷達、2部DRBI 10型測高雷達、1部1226型導航雷達、1部NRBA51型飛機著艦輔助裝置、1套NRBP 2B「塔康」系統、一套SICONTA Mk 1型戰術數據系統（計畫安裝）、2套AMBL 2A型干擾物發射裝置

上圖：「坦莫艾」號潛艇在巴西境內建造，是「圖皮」級的第2艘潛艇，該艘潛艇的建造工作
持續了八年，終於在一九九四年十二月建造成功。

下圖：S-30號是德國人設計的「圖皮」級潛艇的首
艇。「圖皮」號潛艇建造於德國，一九八九年五月
建成交付巴西，隨之而來的是3艘巴西人自己建造
的潛艇。

「圖皮」級潛艇

該級別的潛艇包括：「圖皮」號、「坦莫艾」號、「蒂姆比拉」號和「塔帕喬」號

動力系統：4臺輸出功率為1 800千瓦（2 414軸馬力）的 MTU 12V 493 AZ80型柴油機和1臺輸出功率為3 425千瓦（4 595軸馬力）的西門子電動機，單軸推進

航行性能：浮航/柴油機通氣管狀態航行時的航速為11節，潛航航速為21.5節；浮航狀態下航程為15 000公里（9 320英里）/8節，潛航狀態下航程為740公里（460英里）/4節

下潛深度：250公尺

武器系統：8具533公厘口徑的魚雷發射管，可總共配備達16枚Mk24 1型或2型「虎魚」線導魚雷或者巴西康薩伯IPqM研究所的反潛魚雷

電子系統：1部「卡里普索」導航雷達、1套DR-4000電子監視系統、1部CSU 83/1型艇體安裝的被動式探測/攻擊聲呐

下圖：巴西「圖皮」級潛艇普遍具有良好的性能。據悉，這些潛艇裝備的魚雷還將升級為先進的「博福斯」2000型魚雷。

比利時

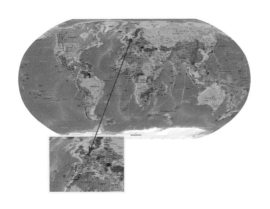

奧波德一世」號和「路易斯·瑪利」號。
比利時接收這兩艘艦之後,把3艘老舊的
「維林根」型護衛艦賣給了保加利亞。這
兩艘「新」艦頻繁地支援國際維穩行動。
舉例來說,二〇〇九年3個月的時間裡,
「利奧波德一世」號曾經擔任了聯合國駐
黎巴嫩臨時部隊的海軍部隊的旗艦。比利
時海軍6艘「三夥伴」級獵雷艦也已經完
成了升級,並將建造新的支援艦來替換現
有的「戈得地雅」號支援艦。

比利時在二〇〇七～二〇〇八年接
收了2艘「雷爾·多爾曼」級護衛艦「利

丹麥

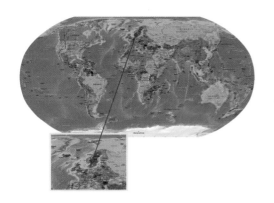

它的潛艇採購計畫，將資源集中於已經服役的2艘「阿布薩隆」級靈活支援艦和3艘6 500噸級的「艾弗·維特費爾特」級導彈護衛艦上。這些導彈護衛艦由奧登塞鋼鐵造船公司建造。

丹麥海軍大約有3 900人，裝備了潛艇4艘、護衛艦7艘。丹麥已經放棄了

下圖：丹麥Stanflex級巡邏艦的設計。這是二〇〇八年丹麥海軍的「斯托恩」號巡邏艦駛入樸茨茅斯港。目前該艦還作為一艘獵雷艦使用。

德國

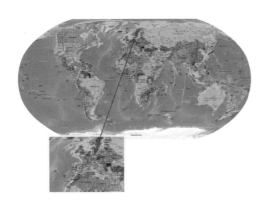

過去幾年中，德國海軍不斷參與國際活動，從中獲益良多，從而實現了重大轉型。德國海軍領導了聯合國在黎巴嫩外海部署的聯合國駐黎巴嫩臨時部隊的海軍部隊。德國海軍還積極支援印度洋的反恐和反海盜行動。德國海軍的訓練演習活動範圍也不斷擴大。二〇〇八年，德國海軍與南非、印度海軍舉行了聯合演習；二〇〇九年，德國海軍參與到了美國發起的代號為「UNITAS Gold」的聯合演習，與來自於美洲的約10支艦隊進行了交流。還有一點要特別指出的是，德國的海軍技術繼續在全球市場上占據優勢地位，最典型的是蒂森

下圖：在調整海軍艦隊適應新的海洋環境方面，德國無疑是最成功的國家之一。德國海軍已經訂購了4艘新的F-125型護衛艦用於在中等強度行動中的長時間部署。

克魯伯海事系統公司旗下HDW船廠的214型潛艇已經使德國成為全球常規動力潛艇領域的領導者。

德國海軍艦隊的構成正在根據不同的行動模式而發生改變。到二○○九年中，德國海軍潛艇的數量已經降到了10艘。德國海軍讓其老舊的206/206A型潛艇大量退役，數量從原來的18艘降到了6艘。與此同時，4艘更大的裝備了AIP推進系統的212A型潛艇服役，這些潛艇更適合長時間行動。二○○六年，德國海軍還訂購了該型潛艇的改進型號，現在正在建造當中，將於二○一三年交付。德國海軍有意在不久的將來採購更多的該型潛艇，但是這也要視預算情況而定。

德國海軍現有的水面作戰艦有：8艘建造於二十世紀八○年代、經過現代化改裝的F-122「不來梅」級導彈護衛艦、4艘更新的F-123「布蘭登堡」級導彈護衛艦以及3艘F-124「薩克遜」級現代化防空導彈護衛艦。二十世紀八○年代服役的導彈護衛艦中的一些將被最新的F-125型導彈護衛艦所取代。二○○七年六月二十六日，德國海軍與蒂森克魯伯海事系統公司的ARGE F-125 聯合企業簽署了一份總額為22億歐元（約31億美元）的合同，訂購4艘F-125型防空導彈護衛艦。該級艦滿載排水量為7 000噸，和驅逐艦一般大小，主要用於海外中等強度行動中的長時間部署。德國海軍將在部署過程中實施艦員輪換制度，使該艦可以在兩年的時間裡遠離本土基地執行任務。為了長時間執行任務的需要，德國海軍為該艦選擇了柴電燃聯合動力的推進系統。該級艦首艦將於二○一五年服役。隨著二○○八年年底訂購的第三艘702型「柏林」級戰鬥支援艦的加入，德國海軍的兩棲作戰能力將進一步提升。從中期來說，德國海軍希望可以有一級大型聯合支援艦來提高軍事運輸能力。目前，德國海軍正在醞釀一種多用途艦船概念，類似於紐西蘭皇家海軍的「坎特伯雷」號。

冷戰結束以後，德國海軍海岸巡邏部隊的規模有所縮小。現在只擁有10艘134A型「獵豹」級巡邏艦。這些巡邏艦將被更靈活的K-130「布藍茲維」級輕型護衛艦所取代。所有5艘K-130型「布藍茲維」級輕型護衛艦已經建造完成。該級的設計理念「使用較小但武備強大的戰艦來執行長時間的瀕海行動」是成功的，在不久的將來會有新的發展。

俄羅斯

雖然俄羅斯海軍已經從新世紀之初的窘迫中恢復出來，但是它要想恢復往日世界一流海軍的榮耀，仍然面臨著巨大的挑戰。從數量上看，當前的俄羅斯海軍仍然是一支強大的力量，但是其大部分艦艇都是冷戰時代的產物，已經過時。不僅如此，這些艦艇的服役狀態還是非常不穩定的。下頁的表中列出的數據只概括了其海軍中較重要的艦船。俄羅斯海軍需要重大的造艦計畫，來建造適應當前時代需要的戰艦，這也是俄羅斯的願望之一。然而，俄羅斯現有造船工業已然衰落，蘇聯時代重要的基礎設施現在已不在俄羅斯的控制之下，這使得俄羅斯實施大規模造艦計畫困難重重。到目前為止，冷戰之後俄羅斯僅

設計建造了兩種重要的艦艇，它們是P-677型「達拉」級常規潛艇「聖彼得堡」號以及P-2.38.0型輕型導彈護衛艦「守衛」號。

　　某種程度上，這反映出俄羅斯把海軍建設的重點放到了現代化其潛艇核威懾力量上的事實。俄羅斯的戰略彈道導彈核潛艇都建造於蘇聯時代，不可能無限期地服役下去。二〇〇九年六月俄羅斯新聞局國際新聞通訊社的一份報道援引莫斯科防務專家米哈伊爾·巴拉巴諾瓦的話指出：隨著俄羅斯太平洋艦隊「德爾塔III」型潛艇的退役，俄羅斯海軍的總體部隊水平正在逐年下降。俄羅斯海軍目前僅有8艘潛艇可以被視為能夠擔負戰備任務。俄羅斯計畫通過採購新的P-955型「北風」級彈道導彈核潛艇來扭轉這一下降趨勢。新潛艇將裝備SS-NX-30「布拉瓦」潛射彈道導彈。該級彈道導彈核潛艇的首艇「尤里·多爾戈魯基」號二〇〇九年六月十九日在北德文斯克的北方造船廠起航開始長時間的海試。俄羅斯海軍計畫採購至少8艘該級潛艇，目前有另外2艘已在建造當

俄羅斯海軍主力艦艇構成

類型	級別	數量	噸位	尺寸(米)	艦員	服役日期
航空母艦						
航空母艦	P－1143.5型「庫茲涅佐夫」	1	60 000噸	306×35/73×10	2600人	1991年
主力水面護航艦						
戰鬥巡洋艦	P－1144.2型「基洛夫」	1[1]	25 000噸	252×25×9	740人	1980年
巡洋艦	P－1164型「莫斯科」(原「光榮」級)	3	12 500噸	186×21×9	530人	1982年
導彈驅逐艦	P－956/956A型「現代」級	C.5	8 000噸	156×17×7	300人	1980年
導彈驅逐艦	P－1155.1型「恰巴年科海軍上將」(「無畏II」)	1	9 000噸	163×19×8	250人	1999年
導彈驅逐艦	P－1155型「無畏」級	C.7	8 400噸	163×19×8	300人	1980年
導彈護衛艦	P－1154型「不懼」級	2	4 400噸	139×16×8	210人	1993年
導彈護衛艦	P－1135型 Bditelnny (原「克里瓦克I/II」)	C.4	3 700噸	123×14×7	180人	1970年
導彈護衛艦	P－2038.0型「守衛」級	1	2 200噸	105×11×4	100人	2008年
導彈護衛艦	P－1161.1型「韃靼斯坦」級	2	2 000噸	102×13×4	100人	2002年
潛艇						
彈道号彈核潛艇	P－941型 Donskoy (「颱風」級)	1[2]	33 000噸	173×23×12	150人	1981年
彈道号彈核潛艇	P－677BDRM型 Verkhoturie (「德爾塔IV」)	6	18 000噸	167×12×9	130人	1985年
彈道号彈核潛艇	P－677BDR型 Zvezda (「德爾塔III」)	5	12 000噸	160×12×9	130人	1976年
巡航号彈核潛艇	P－949B型 (「奧斯卡II」級)	C.5	17 500噸	154×8×9	100人	1986年
攻击型核潛艇	P－971型 (「阿庫拉I/II」級)	C.10	9 500噸	110×14×10	60人	1986年
常規潛艇	P－877/636型「基洛」級	C.20	3 000噸	73×10×7	55人	1981年
主力兩棲艦						
船塢登陸艦LPD	P－1174型「伊萬·羅戈夫」級	1	14 000噸	157×24×7	240人	1978年

註：1. 表格中列出的只是俄羅斯主要類型的作戰艦艇，括號中的數字表示正在進行翻修或者已經進入備役的戰艦。

2. 一些消息來源認為該艦採用的是柴燃聯合動力推進。

左圖：與先輩們一樣，「庫茲涅佐夫」號航空母艦的主要角色是擔任反潛作戰平臺，因此所搭載的主要機型為直升機。然而，Su-27K型「側衛」截擊機為該艘航空母艦提供了相當強大的空戰能力。

下圖：就飛行甲板的面積而言，「庫茲涅佐夫」號與美國海軍的超級航空母艦相比幾乎不相上下，但它搭載的艦載機聯隊的規模卻小了許多。

「庫茲涅佐夫」號重型航空巡洋艦（航空母艦）

動力裝置：8臺鍋爐驅動4臺渦輪機，輸出功率149兆瓦，4軸推進

航　　速：29節

艦載機：設計搭載雅克-41型短距起飛/垂直降落戰鬥機和米格-29K型戰鬥機（但該種機型配置
　　　　已被取消）；典型艦載機配置為12架蘇霍伊公司研製的蘇-27K型/33型戰鬥機，24架
　　　　卡莫夫公司研製的卡-27/33型通用、反潛、空中預警和導彈瞄準直升機；未來計畫搭
　　　　載蘇-27KUB戰鬥教練機，還有可能搭載蘇-33UB型多用途戰鬥機

火力系統：12管垂直發射系統，可發射P-700型「格拉尼特」（北約代號SS-N-19「海難」）反
　　　　艦導彈；24座八聯發「撬棍」導彈（SA-N-9「交叉射擊」）垂直發射架，可發射192
　　　　枚防空導彈；8套火砲/導彈混合近距離防空系統，應用8門30公厘雙管「格林」艦砲
　　　　和「灰鼬」導彈（SA-N-11）；2套RPK-5型（UDAV-1）反潛火箭系統，配置60枚反
　　　　潛火箭

電子裝置：1部「頂盤」（MR-710「弗萊加特」-MA）型3D對空對海搜索雷達、1部MR-320M
　　　　「蜂鳥」2D搜索雷達、3部「棕櫚葉」導航雷達、4部「十字劍」（MR-360「波德
　　　　卡」）SA-N-9型火控雷達、8部SA-N-11型「熱光」火控雷達、1部「捕蠅草」B型
　　　　飛機控制系統、1套「茲維達」-2型聲吶系統、1套「牛軛」（MGK-345）艦體聲吶
　　　　系統、1套「索茲比奇」-BR ESM/電子對抗系統、2部PK-2型干擾物投放器和10部
　　　　PK-10型誘餌發射器

**下圖：與「基輔」級航空母艦相比，「庫茲涅佐夫」級不僅威力強大，造價更為驚人。鑑於這
種情況，在資金上捉襟見肘的俄羅斯海軍無法承擔起這樣一艘超級戰艦的日常開支，因此在可
以預見的未來，俄羅斯是不會再建造此類戰艦的。**

本頁圖：儘管俄羅斯海軍復興的野心眾人皆知，但是其水面艦隊仍然主要由前蘇聯時代設計的戰艦組成。上面為「無畏」級導彈驅逐艦「維諾格拉多夫海軍上將」號，下面為導彈護衛艦「不懼」號。

中。與此同時，俄羅斯海軍已經在翻修過的「颱風」級潛艇「德米特里·東斯科伊」號上試驗裝配新型潛射彈道導彈，但是這些試驗有一半都以失敗而告終。二〇〇九年七月之後，俄羅斯還將安排4次或者5次試驗，這顯示出俄羅斯希望在新一級潛艇上部署一種可靠的武器。

俄羅斯海軍非戰略潛艇的建造重點是P-885型「亞森」級攻擊型核潛艇「北德文斯克」號和P-677「拉達」級常規動力常規潛艇。前者早在一九九三年就開工建造了。儘管有報道稱俄羅斯海軍已經訂購了第二批「亞森」級攻擊型核潛艇，但是有人質疑這樣過時的設計進行批量建造是否合適。P-677潛艇設計比「亞森」級攻擊型核潛艇要晚一些，該型潛艇主要是為了替換非常成功的「基洛」級潛艇，但這個計畫也飽受建造週期長之苦，一直到二〇〇五年才開始海試。俄羅斯海軍計畫建造8艘「拉達」級常規潛艇，目前可以確定的是，至少有2艘正在建造當中，它們是「喀琅施塔得」號和「塞瓦斯托波耳」號。

下圖：這是俄羅斯海軍1艘「颱風」級彈道導彈核潛艇。使戰略導彈潛艇部隊現代化是俄羅斯造艦計畫最優先的目標。

「颱風」級核動力彈道導彈潛艇

排 水 量：23 二〇〇～24 500噸（水面）；33 八〇〇～48 000噸（水下）

推進系統：2座OK-650型壓水式反應堆，輸出功率190兆瓦；2臺蒸汽渦輪機，輸出功率37.3兆瓦；雙軸推進

航　　速：水面一二～16節，水下二五～27節

下潛深度：500公尺

武器系統：D-19型導彈發射管，發射20枚R-39型（北約代號SS-N-20「鱘魚」）潛射彈道導彈；2具650公釐口徑魚雷發射管，4具533公釐口徑魚雷發射管，分別發射RPK-7型「風」（北約代號SS-N-16「種馬」）和RPK-2型Viyoga（北約代號SS-N-15「海星」），或者VA-111型「暴風雪」魚雷

電子裝置：1部對海搜索雷達、1套電子支援系統、1部低頻艇艏聲吶、1套中頻魚雷火控聲吶、甚高頻/超高頻/特高頻通信系統、1部超低頻拖曳式浮標、1根極低頻/超低頻無線電天線

俄羅斯海軍水面艦隊重要的造艦計畫是P-2038.0型「守衛」級輕型隱身導彈護衛艦。該級艦首艦二〇〇八年二月二十七日加入俄羅斯海軍。該級艦滿載排水量為2 000噸，長約112公尺，裝備了先進的傳感器和強大的武器系統，並且採用了隱身設計。該級艦主要用來在沿海地區執行任務，其重要的職能之一就是為戰略潛艇從俄羅斯本土出入各大洋掃清航道，排除水面和水下威脅。俄羅斯海軍希望可以裝備20艘這樣的導彈護衛艦。

儘管俄羅斯宣布，要通過核動力航空母艦來重建「藍水」海軍力量，但是目前只有一艘適合「藍水」作戰的現

右圖：「不懼」號擁有一個非常優美的艦體，艦艏末端的傾斜面、船側外傾以及高幹舷有助於在惡劣天氣下減少戰艦受到海水和浪花的撞擊程度。

下圖：俄羅斯海軍的「颱風」級潛艇在發射它所攜載的200多枚核彈頭時，根本不需要下潛甚至不必出海就可以進行。在冷戰期間，北方艦隊的「颱風」級潛艇即使停泊在母港，其潛射導彈也可以攻擊美國大陸的任何目標。

代化水面戰艦在建造當中的事實告訴人們，俄羅斯重返「藍水」海軍仍然需要時間。P－2235.0型導彈護衛艦「謝爾蓋·戈爾什科夫海軍上將」號計畫於二〇一二年下水。該艦將是一種排水量為4 500噸的通用型導彈護衛艦。它將裝備防空和反艦導彈、中口徑艦砲和直升機。據推測該艦的設計可以源自為印度建造的P－1135.6型「塔爾瓦」級導彈護衛艦，將可以裝備俄印聯合研製的「布拉莫斯」超音速巡航導彈。與此同時，

俄羅斯海軍已經接收了第二艘P－1154.0型導彈護衛艦「雅若斯拉夫·慕德瑞」號，該級艦首艦「不懼」號服役是在一六年前。雖然有關方面宣稱該艦已經整合了最新的技術，但是它仍然無法和其他國家的新銳戰略相提並論。

下圖：「不懼」號導彈護衛艦的艦橋前部區域裝備3種武器，分別是1門100公厘口徑（3.9英寸）火砲、4座與甲板齊平的SA-N-9型防空導彈垂直發射裝置，另外還有1座RBU12000型火箭發射裝置。

「不懼」級導彈護衛艦

動力系統：2臺總輸出功率為36 250千瓦（48 620軸馬力）的燃氣渦輪機；2臺總輸出功率為18 050千瓦（24 210軸馬力）的燃氣渦輪機，雙軸推進

性　　能：航速30節，續航力8 350公里（5 190英里）/16節

武器系統：1門100公厘口徑（3.9英寸）火砲；4座用於發射SS-N-25反艦導彈的四聯裝導彈發射

裝　　置：4套八聯裝導彈垂直發射系統，配備SA-N-9防空導彈；2套CADSN-1型30公厘口徑火砲和SA-N-11型近程防空導彈組合系統；6具533公厘口徑（21英寸）魚雷發射管，配備SS-N-16型反潛導彈和/或反潛魚雷；1座RBU12000型反潛火箭發射器，2條水雷滑軌

電子系統：1部「頂盤」3D監視雷達、2部「棕櫚葉」導航雷達、1部「十字劍」防空導彈射擊指揮雷達、1部「鳶鳴B」反艦導彈/火砲控制雷達、2條「鍾冠」數據鏈、2套「鹽罐」和4套「箱吧」敵我識別系統、8套電子監視系統/電子對抗系統、10座干擾物/誘餌發射裝置

艦載機：1架卡莫夫公司生產的Ka-27直升機

下圖：一九九二年重新命名為「拉扎列夫海軍上將」號的「伏龍芝」號在蘇聯海軍太平洋艦隊服役。從裝備的大量指揮和通信設備可以看出，該艦以前經常用作艦隊的旗艦。

上圖：蘇聯「基洛夫」級戰列巡洋艦是第二次世界大戰結束以來世界上最大型的水面戰艦，該級戰艦在前甲板艙口下面攜帶有重型武器裝備。但是，由於維修和保養費用極其昂貴，該級戰艦很少在海上活動。

下圖：「基洛夫」級在戰時的主要任務是用攜帶核彈頭的「花崗岩」導彈來摧毀美國海軍的航母戰鬥群。

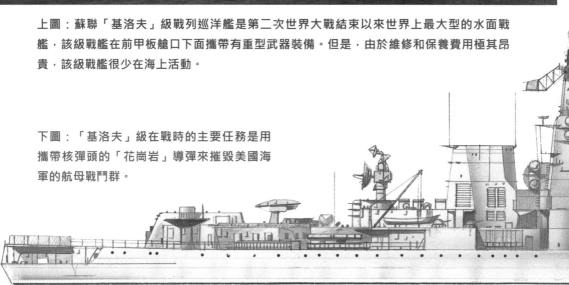

「基洛夫」級

類　　型：大型導彈巡洋艦

動力系統：2座KN-3壓水核反應堆（PWR）以及2座蒸汽鍋爐，輸出功率為102 900千瓦（140 000軸馬力），雙軸推進

航　　速：30節

艦 載 機：3架Ka-25或Ka-27直升機

武器系統：20枚「花崗岩」（北約代號SS-N-19「海難」）艦艦導彈；12座八聯「堡壘」（北約代號SA-N-6「雷鳴」）防空導彈發射裝置；2座「短刀」（北約代號SA-N-9「長手套」）八聯裝導彈發射裝置，帶彈 128枚；2座雙聯裝「奧莎M」（北約代號SA-N-4「壁虎」）防空導彈發射裝置，帶彈40枚；2門130公厘口徑火砲；六座「卡什坦」（CADSN-1）組合30公厘口徑（AK630/SA-N-11「灰貂」）火砲/導彈近戰武器系統；1座「漏斗口」（北約代號SS-N-14「硅石」）雙聯裝反潛導彈發射裝置，帶彈16枚；1座12管RBU6000反潛火控發射裝置；2座六管RBU1000反潛火箭發射裝置; 2具五聯裝533公厘口徑（21英寸）反潛魚雷發射管，發射40型魚雷或者「維約加」（北約代號SS-N-15「海星」）反潛導彈

電子系統：1部「頂對」3D雷達、1部「頂舵」3D雷達、2部「頂罩」SA-N-6導彈火控雷達、2部「氣槍群」SA-N-4火控雷達、3部「棕櫚葉」導航雷達、1部「鳶鳴」130公厘口徑火控雷達（砲瞄雷達）、2部「眼碗」SS-N-14火控雷達、4部「椴木棰」近戰武器系統火控雷達、1套「邊球」電子監視系統、10套「鍾」系列電子對抗系統、4套「酒桶」電子對抗系統、1部「多項式」低頻艦艏聲吶、1部「馬尾」中頻可變深度聲吶

上圖：一九八三年，「光榮」號（如今的「莫斯科」號）首次駛入地中海。如同大部分大型戰艦的命運一樣，對於資金短缺的俄羅斯海軍海軍來說，功能強大的「光榮」級巡洋艦維護費用太昂貴，難以維持其正常運轉。

「莫斯科」號（原「光榮」號）導彈驅逐艦

類　　型：導彈巡洋艦

動力系統：4臺主燃氣渦輪機和2臺輔助燃氣渦輪機，輸出功率為79 380千瓦（10 8000軸馬力），雙軸推進

航　　速：32節

艦 載 機：1架Ka-27「蝸牛」反潛直升機

武器系統：8座雙聯裝「玄武岩」（北約代號SS-N-12「沙箱」）艦艦導彈發射裝置、8座八聯裝「堡壘」（北約代號SA-N-6型「雷鳴」）防空導彈發射裝置、2座雙聯裝「奧莎M」（SA-N-4型「壁虎」）防空導彈發射裝置（帶彈36枚）、1門雙聯裝130公厘口徑（5英寸）火砲、6座30公厘口徑AK-630型六管近戰武器系統、2座12管RBU 6000反潛火箭發射裝置、2具五聯裝533公厘口徑（21英寸）反潛魚雷發射管

電子系統：1部MR-800沃施科德公司的「頂對」3D對空搜索雷達、1部MR-700弗雷蓋特「頂舵」3D對空/對海搜索雷達、3部「棕櫚葉」導航雷達、1部「角距」（「正門C」SS-N-12）火控雷達、2部MPZ-301（「氣槍群」SAN-4）火控雷達、1部波浪公司的「頂罩」（SA-N-6）火控雷達、1部「鳶鳴」130公厘口徑火控雷達（砲瞄雷達）、3部「椴木槌」近戰武器系統配備火控雷達、1套「邊球」電子監視系統設備、1套「穿腕」衛星通信（SATCOM）系統、1部MG-332 Tigan-2T「公牛角」低頻聲吶、1部白金公司「馬尾」可變深度聲吶

右圖：16 具「玄武岩」（北約代號SS-N-12 型「沙箱」）導彈發射管占據了「光榮」號甲板的較大位置。這些飛行速度1.7馬赫的導彈具有核攻擊能力，射程超過550公里（342英里）。

下圖：雖然在設計時要求「現代」級要和「無畏」級戰艦彼此配合作戰，但為了支持推進系統更可靠的「無畏」級戰艦作戰，俄羅斯海軍還是要求「現代」級在必要時要作出犧牲。

上圖：剩下幾艘「現代」級戰艦目前分別在俄羅斯波羅的海艦隊（「堅持」號和「動盪」號）、北方艦隊（「不懼」號）和太平洋艦隊（「激烈」號）服役。

上圖：「現代」級驅逐艦在外形尺寸上與美國海軍「宙斯盾」戰艦相仿。「現代」級戰艦裝備的主要武器是「繆斯基特」反艦導彈，為此特意配置了2座四聯裝發射裝置，分別位於艦橋前部兩側。

956型「現代」級驅逐艦

機械裝置：2臺GTZA-674型增壓蒸汽輪機，輸出功率為73.13兆瓦（99 500軸馬力），雙軸推進

航　　速：33節

艦 載 機：1架 Ka-27「蝸牛A」反潛直升機武器系統；2座四聯裝「祖布爾」（北約代號SS-N-22「曬斑」，又稱「日炙」）反艦導彈發射裝置（沒有重複填裝裝置）；2座單臂回轉式「颶風」（北約代號SA-N-7「牛虻」）防空導彈發射裝置（帶彈44枚）；2門雙聯裝AK-130 130公厘口徑（5.12英寸）火砲；4座AK-630六管30公厘口徑近戰武器系統裝備；2座RBU-1000反潛火箭發射器，帶火箭48枚；2具雙聯裝533公厘口徑（21英寸）反潛魚雷發射管以及30~50枚水雷

電子系統：1部「頂盤」3D對空搜索雷達、3部「棕櫚葉」對海搜索雷達、1部「音樂臺」反艦導彈火控雷達、2部「椴木棰」近戰武器系統火控雷達、1部「鳶鳴」130公厘口徑火控雷達、6部「前圓頂」防空導彈火控雷達、2套「罩鐘」和2套「座鐘」電子對抗系統、2座 PK-2 和8座PK-10誘餌發射裝置、「公牛角」和「鯨舌」艦體聲吶、2套「輕球」戰術導航系統

左圖：「現代」級為蘇聯海軍開創了一種可伸縮式直升機機庫。該級戰艦是世界上第一艘裝備全自動雙管130公厘口徑AK-130型艦砲的戰艦，火砲安裝在艦艏和艦艉，備彈2 000發，射速35~45發/分鐘，射程為29.5公里（18英里）。

下圖：蘇聯的「無畏Ⅰ」級可以看做是能與美國「斯普魯恩斯」級旗鼓相當的驅逐艦，由於其武器裝備的重點在於反潛，這就使得其反艦和防空能力受限。這種不足在「無畏Ⅱ」級上得以改正，引進了超音速反艦導彈以及組合的火砲/導彈近戰武器系統。

下圖：「無畏Ⅰ」級戰艦主要部署在俄羅斯海軍北方艦隊（「北莫爾斯克」號、「哈爾拉莫夫海軍上將」號和「列夫琴科海軍上將」號）和太平洋艦隊（「薩波什尼科夫元帥」號、「潘捷列耶夫海軍上將」號、「維諾格拉多夫海軍上將」號和「特里布茲海軍上將」號）。

1155型「無畏 I 」級反潛驅逐艦

動力系統：COGAG（燃氣輪機和燃氣輪機聯合裝置），2臺M62燃氣渦輪機，輸出功率為10兆瓦（13 600軸馬力）；2臺M8KF燃氣渦輪機，輸出功率為40.8兆瓦（55 500軸馬力）；航速29節

艦 載 機：2架Ka-27「蝸牛-A」反潛直升機

武器系統：2座四聯裝「漏斗口」（北約代號SS-N-14「硅石」）反潛導彈發射裝置（沒有重複裝填裝置）；8座「克里諾克」（SA-N-9「長手套」）防空導彈發射裝置（帶彈64枚）；2門100公厘口徑（3.9英寸）火砲；4座AK-630近戰武器系統（六管30公厘口徑火砲）；2座RBU-6000反潛火箭發射器；2具四聯裝533公厘口徑（21英寸）魚雷發射管以及雷軌，配備水雷26枚

電子系統：1部「雙支柱」對空搜索雷達、1部「頂盤」3D對空搜索雷達、3部「棕櫚葉」對海搜索雷達、2部「眼碗」SS-N-14型火控雷達、2部「十字劍」SA-N-9火控雷達、1部「鳶鳴」100公厘口徑火砲火控雷達（砲瞄雷達）、2部「椴木棰」近戰武器系統火控雷達、2部「圓屋」塔康戰術導航系統、2部「鹽罐」敵我識別系統、1套「防蠅紗B」和2套「蠅釘B」艦載機進場控制系統、2臺「座鐘」干擾發射機、2部「足球B」以及2部「酒杯」電子監視系統/電子對抗系統、6部「半杯」激光警報器、2座PK-2和10座PK-10誘餌發射裝置、1部「馬顎」低頻/中頻艦艇聲吶、1部「馬尾」中頻可變深度聲吶

下圖：與先前的「克里瓦克 I 」級和「克里瓦克 II 」級戰艦相比，「無畏 I 」級戰艦裝備了便於操縱直升機的設備、有限的聲吶裝備以及改進的防空系統。

厄瓜多

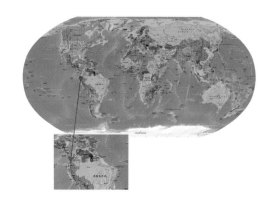

　　厄瓜多海軍大約有１.４萬人,編有１個艦隊、１個潛艇分隊。裝備各型艦艇３８艘。近幾年厄瓜多向智利的ASMR造船廠救助,升級本國的209型潛艇。厄瓜多還採購智利海軍的2艘「利安德」級導彈護衛艦來取代其老舊的從英國獲得的同級護衛艦。

下圖:「埃斯梅拉爾達斯」級戰艦是厄瓜多海軍主要的水面戰艦。

厄瓜多海軍主力艦艇構成						
類型	級別	數量	噸位	尺寸 (米)	艦員	服役日期
主力水面護航艦						
導彈護衛艦	「利安德」級	2	3 200噸	113×12×6	250人	1973年
導彈護衛艦	「埃斯梅拉爾達斯」級（「阿薩德」）	6	620噸	112×12×4	51人	1981年
潛艇						
常規潛艇	209型	2	1 200噸	54×6×6	30人	1976年

「埃斯梅拉爾達斯」級輕型導彈巡洋艦

武器系統：6座集裝箱式導彈發射裝置，發射MM40「飛魚」反艦導彈；1座「信天翁」導彈發射裝置，配備4枚「蝮蛇」防空導彈；1門76公厘口徑（3英寸）「奧托·梅萊拉」小型火砲以及1門雙聯裝40公厘口徑防空火砲；2具三連裝324公厘口徑（12.75英寸）ILAS-3魚雷發射管，配備6枚「懷特黑德」A244/S反潛魚雷

艦 載 機：著陸緩衝墊上僅搭載1架輕型直升機

電子系統：1部RAN10S對空/對海搜索雷達、1部「獵戶座」10X火控雷達、1部「獵戶座」20X火控雷達、1部3RM20導航雷達、1套IPN20數據信息系統、1套「伽馬」電子監視系統、1部「刺豚」艦體安裝聲吶

下圖：儘管將厄瓜多海軍的「埃斯梅拉爾達斯」級戰艦分類為輕型導彈巡洋艦更為恰當，但是該級戰艦每艘的火力勝過許多小型護衛艦。這些戰艦裝備有6枚MM40型「飛魚」反艦導彈、1座四聯裝「信天翁」防空導彈發射裝置，另外還有艦砲和魚雷。

法國

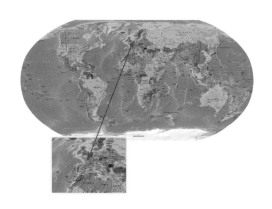

「海豚」等反潛機。

近些年，法國海軍與盟國海軍越來越多地開展合作，反映出法國海軍需要調整採用多邊方式來保護法國的軍事利益。法國曾經想將英國皇家海軍未來航空母艦的設計方案應用到其常規起飛和降落型航空母艦，即將在二〇一五～二

法國海軍裝備有航母、驅護艦、水雷戰艦艇、兩棲艦艇和核潛艇，海軍航空兵主要裝備「陣風」「鷹眼」，以及

下圖：法國將裝備的法國義大利聯合研製的FREMM多用途護衛艦的想像圖。歐洲地區主要國海軍在調整改革、增加新型戰艦以適應今天遠征作戰需求方面進展緩慢。

○一六年間服役的70 000噸的新航空母艦上。那個時候，現有的航空母艦正在進行大修和添加燃料。但是該項目造價達25億歐元（約35億美元），法國政府認為在短期內無力提供這筆龐大的費用。而且英國政府已經不願意考慮法國發起的可能會降低建造成本的聯合建造計畫。即使法國的第二艘「戴高樂」級航空母艦的建造計畫最終夭折，英國未來航空

母艦的改進型設計可能也無法實現。實際上，法國政府已經宣布將進行進一步地設計研究，包括研究曾經作為選項之一的核動力航空母艦。

根據二○○八年法國政府發布的白皮書的決定，法國海軍的未來水面艦隊也不會像曾經構想的那樣強大。法國海軍新的法國義大利聯合研製的FREMM多用途導彈護衛艦的採購數量將從17艘減

類型	級別	數量	噸位	尺寸(米)	艦員	服役日期
法國海軍主力艦艇構成						
航空母艦						
核動力航空母艦	「戴高樂」級	1	42 000噸	262×33/64×9	1 950人	2001年
直升機母艦	「聖女貞德」級	1	13 300噸	182×24×7	500人	1964年
主力水面護航艦						
導彈護衛艦	「福爾賓」級	2	7 000噸	153×20×8	195人	2008年
導彈護衛艦	「卡薩爾」級	2	5 000噸	139×15×7	250人	1988年
導彈護衛艦	「都爾維爾」級	2	6 100噸	153×16×6	300人	1974年
導彈護衛艦	「喬治·萊格斯」級	7	4 800噸	139×15×6	245人	1979年
導彈護衛艦	「拉斐特」級	5	3 600噸	125×15×5	150人	1996年
導彈護衛艦	「花月」級	6	3 000噸	94×14×4	90人	1992年
導彈護衛艦	「德帝安納·多爾韋（A-69）」級	9	1 300号	80×10×5	90人	1976年
潛艇						
彈道導彈核潛艇	「凱旋」級	3	14 400噸	138×13×11	110人	1997年
攻擊型核潛艇	「紅寶石」級	6	2 700噸	74×8×6	70人	1983年
主力兩棲艦						
直升機母艦	「西北風」級	2	21 500噸	199×32×6	160人	2006年
船塢登陸艦	「閃電級」級	2	12 000噸	168×24×5	225人	1990年

「閃電」級船塢登陸艦

艦　　名：「閃電」號（L9011）、「熱風」號（L9012）

動力系統：2臺「皮爾斯蒂克」V400型柴油機，輸出功率為15 511千瓦（20 800軸馬力），雙軸推進

航　　速：21節

人員編制：215人（17名軍官）

海軍陸戰隊員：467名

作戰物資：2艘大型戰車登陸艦，或10艘運貨平底駁船，或1艘大型戰車登陸艦和4艘運貨平底駁船，以及裝載1 800噸的裝備

武器系統：2座馬特拉機械公司「希姆巴德」導彈發射裝置，發射「西北風」防空導彈；「閃電」號裝備1門40公厘口徑「博福斯」式火砲和2門20公厘口徑防空火砲，「熱風」號裝備3門30公厘口徑「布瑞達」/「毛瑟」防空火砲

電子系統：1部DRBV 21A「火星」對空/對海搜索雷達、1部雷卡公司「臺卡」2459對海搜索雷達、1部雷卡公司「臺卡」RM 1229型導航雷達、1部薩吉姆公司VIGU-105型火控系統、「錫拉庫斯」型衛星通信戰鬥數據系統

上圖：「閃電」號上有一個面積1 450平方公尺（15 608平方英尺）的直升機起降甲板，並有兩個小型降落場，每個降落場均配備1個著陸柵格和1套直升機著陸系統。

右圖：雙聯裝「希姆巴德」導彈發射裝置能夠發射「西北風」紅外自導導彈, 為「閃電」級戰艦提供了射程達4公里（2.5英里）的防空能力。

下圖：法國「西北風」級LHD。LHD是一種重要的艦艇，法國最近定購了第3艘該級艦（圖由法國艦艇建造局提供）。

「夏爾‧戴高樂」號航空母艦

動力裝置：2臺K15型核反應堆，功率30兆瓦（402 145軸馬力）；2臺渦輪發動機，功率56
　　　　842.2千瓦（76 000軸馬力），雙軸推進

航　　速：28節

艦 載 機：40架飛機，其中包括24架「超級軍旗」戰鬥機、2架E-2C「鷹眼」電子戰飛機、10架
　　　　「陣風」M型戰鬥機、2架SA 365F型「皇太子」預警機或者2架AS 322「美洲獅」指
　　　　揮監視與偵察機

火力系統：4座「塞爾沃」八聯裝發射架，發射紫苑15型反艦導彈；2座Sadral PDMS六聯裝導彈
　　　　發射架，發射「米斯特拉爾」防空導彈；8門20公厘口徑「基亞特」火砲

對抗裝置：4部「薩格伊」10管誘餌發射器，使用LAD誘餌和SLAT魚雷誘餌

電子裝置：1部DRBJⅡB型對空搜索雷達、1部DRBV26D「朱庇特」對空搜索雷達、1部DRBV
　　　　15D 對空對海搜索雷達、2部DRBN 34A型導航雷達、1部阿拉貝爾3D型火控雷達

人員編制：1 150名艦員，550名航空人員，50名旗語指揮官，還可以容納800名海軍陸戰隊員

上圖：法國的「夏爾‧戴高樂」號航母。

下圖：法國在核潛艇的發展方面拒絕接受美國的幫助，這種做法使得
法國第一艘核動力攻擊潛艇進入艦隊服役的時間比英國晚了二〇年。

「紅寶石」級

類　　型：核動力攻擊潛艇

推進系統：1座輸出功率48兆瓦的壓水式反應堆，2臺渦輪交流發電機，單軸驅動

航　　速：水面18節，水下25節

下潛深度：通常潛深300公尺，最大潛深500公尺

魚 雷 管：4具550公厘口徑魚雷發射管（全部置於艇艏）

基本戰鬥載荷：10枚F17型有線制導反艦魚雷或者L5 mod3型反潛魚雷，4枚SM.39型「飛魚」導彈，或者28枚TSM35型沉底水雷

電子裝置：1部「凱文·休斯」對海搜索雷達，1部DMUX20型多功能聲吶，1部DSUV 62C型被動式拖曳陣列聲吶，1套ARUR 13/DR 3000U型電子支援系統「紅寶石」級潛艇，包括「紅寶石」號（S601）、「青玉」號（S602）、「卡扎比昂卡」號（S603）、「碧玉」號（S604）、「紫石英」號（S605）和「珍珠」號（S606）

右圖：作為當今世界最小型的核動力攻擊潛艇，「紅寶石」級在本質上屬於「阿戈斯塔」級常規動力潛艇的改進版。與同時期的英美兩國的潛艇相比，儘管「紅寶石」級潛艇的航速較慢、噪聲較大，最終卻發展成為一種性能非常高效的反潛作戰平臺。

少到11艘,這是更大的限制一線水面護航艦數量至18艘的計畫的一個組成部分。最初法國海軍水面作戰艦的任務構想是反潛和對陸攻擊,而目前法國海軍大量建造的水面作戰艦的任務重點已經放到了反潛作戰上。法國和義大利聯合研製的這種新型導彈護衛艦將是一種強大的多用途作戰艦,滿載排水量在6 000噸左右,艦載武備將包括「紫苑15」防空導彈、「飛魚」反艦導彈、「風暴陰影」對陸攻擊巡航導彈、76公厘艦砲以及艦載直升機。該級艦最後2艘將裝備「紫苑30」型防空導彈,成為防空型作戰艦,和現有的「地平線」

級導彈驅逐艦一起執行防空作戰任務,取代現有的「卡薩爾」級導彈驅逐艦。此外,法國海軍還裝備了二十世紀九〇年代晚期服役的5艘「拉斐特」級隱形導彈護衛艦。這些水面作戰艦都達到了世界一流的水平。

FREMM多用途導彈護衛艦計畫的中斷使法國替換現有9艘剩下的「A-69德帝安納·多爾韋」級導彈護衛艦的計畫面臨越來越大的壓力。這些導彈護衛艦艦齡

下圖:圖中這枚「紫苑」防空導彈放置在助推器上。從它的構造上可以清晰地看出法國設計的強大影響力。

左圖：「紫苑」防空導彈系統是根據多國防空護衛艦發展計畫發展而來的。儘管英國退出了該項工程，但英國皇家海軍仍將把「紫苑」導彈系統安裝到45型驅逐艦上。

下圖：一枚「紫苑」防空導彈從戰艦上垂直試射後，開始傾斜進入預定的攔截軌道。燃料一旦耗盡，助推器就會脫落。

本頁圖：法國海軍現有的驅護艦未來一○年中將大部分由新的FREMM級多用途護衛艦取代。原有的老舊的「都爾維爾」級將是最早一批被替換的水面作戰艦。

已經接近三〇年，已經主要執行巡邏任務。目前法國海軍用於海外屬地海域巡邏的是其二十世紀八〇年代服役的P-400型近海巡邏艦（滿載排水量約373噸）。當這些巡邏艇接近服役年限需要替換的時候，法國海軍可能需要一種類似於西班牙海軍的BAM級近海巡邏艦的新一級巡邏艦艇。已經有報道稱DCNS對法國海軍翻新其「追風」級遠洋巡邏艦/輕型護衛艦的計畫感興趣。目前該級艦已經有多種型號進入了國際市場。

　　修訂過的國防戰略對法國海軍來說也不完全是負面的。該戰略文件指出，法國將採購兩艘「西北風」級型兩棲攻擊艦，這體現了法國領導層對兩棲運輸能力的重視。目前，法國裝備了兩

艘兩棲戰艦，它們分別是「西北風」號和「托奈爾」號兩棲攻擊艦，分別於二〇〇六年和二〇〇七年服役。二〇〇九年四月十六日，作為法國經濟復甦計畫的一個組成部分，法國海軍與DCNS和STX（位於聖納澤爾）造船廠組成的聯合企業簽署了一項採購另外1艘兩棲戰艦的合同，合同總額約為4億歐元（合5.6億美元）。由於強調戰略核潛艇在核威懾體系中的重要性，法國海軍的水下作戰力量的發展近些年並沒有受到影響。因此，建造6艘新的「梭魚」級攻

下圖：法國海軍「西北風」號兩棲攻擊艦。作為法國經濟刺激計畫的一個組成部分，法國海軍已經訂購了第3艘「西北風」級兩棲攻擊艦。

擊型核潛艇的計畫進展順利。二〇〇六年十二月，法國海軍訂購了該級潛艇的首艇「索芬」號，該級潛艇建造計畫的最終經費將達到80億歐元（約112億美元）。第二艘潛艇的建造合同於二〇〇九年六月二十六日簽署。「梭魚」級攻擊型核潛艇長約99公尺，水下排水量為4 765噸，比美國和英國目前裝備的攻擊型核潛艇要小，但是仍然可以搭配部署多達20枚的魚雷、「飛魚」反艦導彈和「風暴陰影」（SCALP）對陸攻擊巡航

下圖：法國海軍「魯莽」號潛艇是第二艘「凱旋」級核動力彈道導彈潛艇，於一九九九年十二月編入現役。該艇與首艇「凱旋」號目前均攜載M45型潛射彈道導彈。

導彈。該級潛艇同樣使用「凱旋」級彈道導彈核潛艇上裝備的K-15核反應堆來提供動力，最高航速將超過25節，每一〇年添加一次燃料。

二〇〇九年二月，法國海軍「凱旋」號彈道導彈核潛艇與英國皇家海軍的「前衛」號彈道導彈核潛艇在北大西洋相撞，當時這兩艘潛艇都在進行例行性巡邏。這次事故表明，這兩種潛艇使用的隱形技術是有效果的，有助於維持兩國各自核威懾的完整性，但是不可避免地受到了反核團體的批評和指責。這次碰撞損壞了「凱旋」號彈道導彈核潛艇的艇艏聲吶，而此時法國遠洋戰略部隊擁有的潛艇數量已經減少到了10艘。

「凱旋」級潛艇

推進系統：1座壓水式反應堆，2臺柴油發動機輸出功率700千瓦；1套泵噴射式動力系統，單軸
　　　　　驅動
航　　速：水下25節
下潛深度：500公尺
武器系統：16枚M45型潛射彈道導彈，每枚攜帶6個爆炸當量15萬噸的重返大氣層分彈頭；4具
　　　　　533公厘口徑發射管，發射18枚L5型魚雷或者SM39型「飛魚」導彈
電子裝置：1部「達梭」對海搜索雷達、1部「湯姆森-辛特拉」DMUX多功能被動式艇艏和側翼
　　　　　陣列聲吶、1部被動式拖曳陣列聲吶

左圖：一九九五年夏季，「敬畏」號開始
進行首次海上巡航。

下圖：擁有巨大摧毀能力的「前衛」級潛
艇代表著一種強大的核威懾力量。

原來「可畏」級潛艇的最後一艘「不屈」號二〇〇八年一月十五日結束了它最後的巡邏。而其替代艇「可怖」號仍然在進行試航。由於「戴高樂」號航空母艦推進系統出現問題長年停留在船塢中，法國海軍幾乎沒有航空母艦可用，海軍艦隊比以往時候的壓力更大。隨著第一艘「地平線」級防空導彈驅逐艦「福爾賓」號二〇〇八年十二月十九日的服役，以及新的兩棲攻擊艦的服役，這一狀況得以緩解。「福爾賓」號二〇〇九年三月—四月赴美洲進行了長時間部署，五月底被召回法國參與法國在阿布達比的新海軍船廠的落成典禮。

「可畏」級潛艇

推進系統：1座壓水式反應堆，2臺蒸汽渦輪機，單軸驅動
航　　速：水面18節，水下25節
下潛深度：作戰潛深250公尺，最大潛深330公尺
武器系統：16具導彈發射管，發射16枚M20型潛射彈道導彈；4具533公厘口徑艇艏魚雷發射
　　　　　管，發射18枚L5型兩用魚雷和F17型反艦導彈

左圖：「敬畏」號及其姊妹艇的設計和建造工作完全由法國人自行完成，期間沒有從美國那裡獲得任何幫助。而英國在設計和建造「北極星」導彈潛艇時，則從美國獲取了大量的幫助。

芬蘭

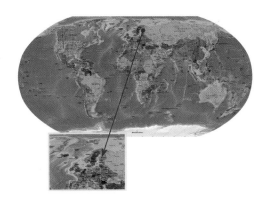

　　隨著第3艘「哈密納」級高速導彈艇的交付，芬蘭已經成為波羅的海國家中最先實現快速攻擊力量現代化的國家。根據MCMV 2010計畫，芬蘭將開始從法國的Intermarine公司接收新的反水雷戰艦。與此同時，波羅的海各共和國通過採購二手戰艦來提升其水雷戰能力。

下圖：一九七一年十二月服役的「可畏」號核動力彈道導彈潛艇是法國海軍的第一艘戰略導彈潛艇。

哥倫比亞

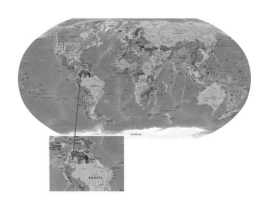

哥倫比亞共和國位於南美洲西北部，西瀕太平洋，北臨加勒比海，東同委內瑞拉，東南同巴西，南與秘魯、厄瓜多，西北與巴拿馬為鄰。海軍有1.5萬人（包括海軍陸戰隊和海軍航空兵）。近年來哥倫比亞也投入了部分經費用於海軍現代化升級，二〇一〇年一月份與德國蒂森克魯伯海事系統公司的HDW造船廠簽署了一份合同，在哥倫比亞對其海軍的209型潛艇進行現代化升級。該國還希望可以在本國建造至少一艘德國法斯莫爾造船廠OPV80巡邏艦，這種巡邏艦類似於智利的「皮洛托·帕爾多」號近海巡邏艦。

右圖：哥倫比亞的209型潛艇根據與德國HDW造船廠簽署的合同正在進行現代化改裝。這是一九七五年服役的「泰羅納」號潛艇。

韓國

韓國海軍是亞洲地區主要海軍強國中實力最小的一支海軍。但是，它邁向「藍水海軍」的發展步伐卻是最引人注目的。韓國擁有世界一流的造船工業基礎，韓國海軍已經穩步從一支依賴美國二手艦船的地區性防衛力量向一支強大的能夠進行遠洋部署的區域海軍力量轉變。這支海軍擴展最重要的特徵就是國產裝備的廣泛使用。韓國海軍最初的重點是利用引進技術，在本國建造艦船，而現在正逐步地將本國發展的武器系統安裝到艦船上去。儘管韓國海軍最先進的戰艦，如KDX-III型防空驅逐艦和124型AIP推進裝備潛艇仍然嚴重依賴來自海外的裝備，但是國產化已經是一種持續發展的趨勢。後面表中列出了這支海軍的主力艦艇構成情況。

韓國海軍水面艦隊的主力是12艘KDX導彈驅逐艦。KDX導彈驅逐艦計畫分為三個階段。第一階段為「KDX-1廣開土大王」級導彈驅逐艦，共3艘。這是由大宇船廠建造的4 000噸級的通用型驅逐艦，交付時間為一九九八～2000年。第二階段是更大的5500噸級的KDX-II導彈驅逐艦，其首艦「忠武公李舜臣」號於二〇〇三年十一月服役。儘管KDX-II導彈驅逐艦保持了通用型驅逐艦的配置，但是其防空作戰能力比KDX-I導彈驅逐艦要強出很多。該級艦裝備了美制Mk4132單元垂直發射系統，可以發射標準2型中程防空導彈和「拉母」導彈，還裝備了「守門員」近防武器系統。該級艦第6艘也是最後一艘「崔瑩」號於二〇〇八年九月服役。「KDX-III世宗大王」級導彈驅逐艦已經運用了宙斯盾技術，其排水量達到了10 000噸，躋身亞洲地區最強悍的戰艦之列。該級艦總共建造3艘，其首艦由現代重工建造，於二〇〇八年十二月二十二日正式服役。

韓國海軍主力艦艇構成						
類型	級別	數量	噸位	尺寸(米)	艦員	服役日期
主力水面護航艦						
導彈驅逐艦	「KDX-III 世宗大王」級	1	10 000噸	166×21×6	300人	2008年
導彈驅逐艦	「KDX-II忠武公李舜臣」級	6	5 500噸	150×17×5	200人	2003年
導彈驅逐艦	「KDX-I 廣開土大王」級	3	3 900噸	135×14×4	170人	1998年
導彈護衛艦	「蔚山」級	9	2 300噸	102×12×4	150人	1981年
輕型護衛艦	「浦項」級	24	1 200噸	88×10×3	95人	1984年
輕型護衛艦	「東海」級	4	1 100噸	78×10×3	95人	1982年
潛艇						
常規潛艇	「KSS-2孫遠一」級（214型）	2	1 800噸	65×6×6	30人	2007年
常規潛艇	「KSS-1張伯皋」級（209型）	9	1 300噸	56×6×6	35人	1993年
主力兩棲艦						
兩棲攻擊艦	「LPX獨島」級	1	18 900噸	200×32×7	425人	2007年

韓國海軍水面艦隊還擁有9艘「蔚山」級護衛艦和24艘「浦項」級輕型護衛艦。前者於一九九一～一九九三年間開始服役，並將被新的3 200噸級的FFX所取代。二〇〇八年十二月二十六日，韓國海軍向現代重工訂購了新一級護衛的首艦。韓國海軍希望新的護衛艦能夠在瀕海海域執行反潛和反水面戰任務，該艦的設計將在KDX-II導彈驅逐艦的基礎上縮小之後

安裝本國研製的雷達和作戰系統。

除了發展水面作戰艦隊外，韓國海軍還投入大量經費發展水下作戰力量，應對朝鮮的潛艇威脅。韓國海軍現擁有9艘德國設計的209型「張保皋」級常規潛艇，這些潛艇是在一九九三～二〇〇一年間根據KSS-I計畫由HDW造船廠和大宇船廠建造的。韓國現代重工正在根據許可證合同建造新的AIP推進的德國設計的214型潛艇。首艇 「孫遠

一」號於二〇〇七年十二月交付。在二〇〇九年年底，有3艘該型潛艇服役。

韓國在其《防務改革2020》中提出，要制訂長期計畫建造國產化的KSS-III型潛艇。該級潛艇水下排水量將為3000噸左右，首艇計畫於二〇一八年交付。《韓國日報》報道，這種新潛艇將裝備由三星和泰李斯公司的聯合企業研製的一種國產化作戰管理系統，聲納整合將由韓國LIG Nex1防務公司負責。但是還有一些裝備將仍然來自於國外，如武器控制系統將

由英國的巴布考克國際集團設計。

韓國海軍計畫最能引起全球矚目的是其「獨島」號兩棲攻擊艦，該艦於二〇〇七年七月服役。該艦儘管外形上很像日本海上自衛隊的「日向」號，且滿載排水量也達到了19 000噸，但是其

下圖：韓國海軍通過三階段的「KDX」級導彈驅逐艦計畫擴展其水面艦隊，這些戰艦一級比一級強大。這是「KDX-II」級導彈驅逐艦「文武大王」號，該級艦有6艘，已經全部服役。未來水面艦船建造的重點是更大的KDX-III型導彈驅逐艦和更小的FFX導彈護衛艦。

主要用途卻和「日向」號直升機驅逐艦反潛指揮的定位大不相同。已經有傳聞稱,韓國有興趣採購聯合攻擊戰鬥機的F-35B垂直起降型,推動建立一支兩棲戰備大隊,發展類似於美國概念的有限的兩棲投送能力。但是「獨島」號太小,無法運作一定數量的噴氣式戰鬥機。因此還有報道稱,該級艦姊妹艦中至少有一艘將會擴大來裝備噴氣式戰鬥機。

　　儘管近些年韓國海軍的發展重點是「藍水海軍」能力,但是韓國仍然保有一支艦艇日益老舊卻仍然強大的海岸防禦艦隊,主要是防禦可能來自朝鮮的進攻。近些年,韓國與朝鮮的關係日漸緊張。韓國海軍在近海部署了新的PKX快速攻擊艇「尹榮夏」號,該艇將是新一級400噸級導彈攻擊艇的原型艇,韓國海軍希望借此在瀕海海域取得優勢。

下圖:韓國海軍在大力發展水面作戰艦的同時,也在發展水下作戰能力。這是214型AIP推進潛艇,由現代重工依據許可證建造。

「張保皋」級巡邏潛艇

排 水 量：水面排水量1 100噸，水下排水量1 285噸

動力系統：4臺MTU12V396SE柴油機，輸出功率2 840千瓦（3 810軸馬力），驅動4臺交流
　　　　　發電機；1臺電動機，輸出功率3 425千瓦（4 595軸馬力），單軸推進

性　　能：浮航速度11節，潛航22節；以8節水面航速的續航力13 900公里（8 635英里）

下潛深度：250公尺

魚雷發射管：8具533公厘口徑（21英寸）魚雷發射管（全裝於艇艏），配備14枚SUT Mod
　　　　　2型線導主動式/被動式自動尋的魚雷或者28枚水雷

電子系統：1部導航雷達、1部CSU 83型艇身安裝的被動式搜索攻擊聲吶、1套ISUS 83型魚
　　　　　雷發射控制系統、1套「阿爾戈」電子監視系統

左圖：一九九六年二月，大宇公司建成「帕魁」號潛艇，這是韓國海軍第四艘「張保皋」級常規動力潛艇。韓國潛艇的服役計畫是「三三」制，即將9艘潛艇平均分配給韓國的3個艦隊。未來可能裝備經過改進的美國諾斯洛普公司研製的NP37型魚雷。

下圖：韓國的「獨島」號兩棲攻擊艦。該級艦的更多成員尚在計畫當中。（圖由韓國海軍提供）

荷蘭

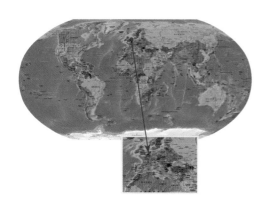

歷史上荷蘭海軍曾經是歐洲最強大的海軍之一。冷戰結束以後，荷蘭皇家海軍不論是從規模上還是從實力都有所減小。一九九五年以來，荷蘭皇家海軍已經有17艘艦隊護航艦退役，而僅有4艘新的導彈護衛艦服役。儘管如此，荷蘭皇家海軍得到了本國造船工業的支持，像泰李斯集團（荷蘭）公司和達曼集團謝爾德海軍造船廠，將繼續發展新的艦船。

荷蘭皇家海軍現有的發展計畫要求未來十年由10艘艦船組成未來水面艦隊的核心。這10艘艦船包括4艘現代化的「德·澤文·普羅維森」級防空導彈護衛艦、2艘老舊的「卡雷爾·多爾曼」級多用途導彈護衛艦（該級艦荷蘭海軍共裝備了8艘，現在只剩下2艘）以及4艘新建造的「荷蘭」級近海巡邏艦。近海巡邏艦是一種排水量為3 759噸的巡邏艦，將主要用於北海和加勒比海荷蘭殖民地外海的低強度行動。該級艦艦員僅

下圖：二〇一一年之後，荷蘭皇家海軍將裝備4艘新的「荷蘭」級近海巡邏艦。這些巡邏艦將裝備與眾不同的泰李斯公司研製的整合式桅桿。

有50人，僅裝備1座76公厘艦砲，但是配備了完整的直升機設施和非常先進的傳感器組合。「荷蘭」級近海巡邏艦最大的特色就是由泰李斯公司開發的整合式桅桿。這是一個錐形塔式結構體，裡面配置了兩部主動相控陣雷達系統（適用於對空對海搜索）以及該級艦的光電傳感器和通信設備。這樣做的目的是通過在一個獨立的結構體安裝相關的電子

上圖：荷蘭皇家海軍2艘「卡雷爾·多爾曼」級導彈護衛艦也進行了翻新，通過整合式桅桿整合了一些傳感器技術。該圖是「范·斯派克」號，我們可以看到改裝前後的對比情況。

系統來提高建造速度和減少未來的維護費用。二○○七年十二月謝爾德造船廠獲得首批該艦的建造合同，總額為2.4億歐元（合3.4億美元），後來泰李斯

公司獲得了另一批該艦的建造合同，總額為1.25億歐元（合1.75億美元）。首艦於二〇〇八年十二月八日開工建造，於二〇一一年交付。

　　泰李斯公司將對荷蘭海軍2艘剩下的「卡雷爾·多爾曼」級護衛艦進行改裝，安裝類似於為新的近海巡邏艦特別設計的水面監視雷達和紅外傳感器的設備。另外2艘出售給比利時的該級護衛艦可能也要進行這樣的改裝。荷蘭皇家海軍也針對其4艘「海象」級常規潛艇制訂了改裝升級計畫。有報道稱，荷蘭

皇家海軍可能面臨著巨大的預算壓力，該改裝升級計畫可能只有1億歐元（合1.4億美元）的預算，因此改裝升級的重點將放在延長重要系統的使用壽命，使其在二〇二五年服役到期之前狀態良好，而不是進行更多重大的升級。

　　兩棲運輸能力是荷蘭皇家海軍近些年取得明顯進步一個領域。一九九八年「鹿特丹」號兩棲船塢登陸艦首先服

下圖：「鹿特丹」號是位於弗拉辛德的皇家斯凱爾特船廠負責建造的，該艦能夠運送1個海軍陸戰隊滿編營及其必需的武器裝備。

「海龍」級潛艇

排 水 量：水面2 350噸，水下2 640噸

艇體尺寸：長66公尺；寬8.4公尺；吃水7.1公尺

推進系統：3臺柴油發動機，輸出功率3 130千瓦；1臺電動機，輸出功率3 725 千瓦，單軸驅動

航　　速：水面13節，水下20節

下潛深度：作戰潛深300公尺，最大潛深500公尺

武器系統：6具533公厘口徑魚雷管（全部位於艇艏），發射20枚Mk37C型反艦和反潛兩用有線制導魚雷，或40枚感應沉底水雷

電子裝置：1部1001型對海搜索雷達、1部低頻聲吶、1部中頻聲吶、1套WM-8型魚雷火控/戰鬥信息系統、1套電子支援系統

人員編制：67人

右圖：「海象」級潛艇在設計上儘管可以裝備潛射型的「魚叉」反艦導彈，但實際上並不搭載這種武器。本圖中是該級潛艇的首艇「海象」號。

下圖：荷蘭海軍在二十世紀七〇年代晚期訂購的2艘「海象」級潛艇，在很大程度上屬於「海龍」級潛艇的改進版本，只不過裝備了更多的現代化電子系統和自動控制裝置，艇員人數大幅度減少。

役，二〇〇七年底其更大的一艘姊妹艦「約翰·德維特」號服役，使荷蘭皇家海軍具備了一次運輸和部署兩個整裝海

軍陸戰營的能力。荷蘭皇家海軍還將建造1艘新的聯合支援艦來取代現有的「瑞德克魯斯」號補給艦。這種混合型戰艦對發展資源有限的海軍往往很有吸引力，這就是一個很好的例子。有報道稱，荷蘭採購的這種戰艦排水量將在26000噸左右，除了其補給能力外，該艦還將擁有更大的航空和運輸設施。

左圖：「鹿特丹」級和「加利西亞」級兩棲船塢運輸艦的艦艉船塢上方有一個大型區域用於直升機起降作戰，下面的船塢裡停放登陸艇。照片中這艘戰艦是荷蘭海軍的「約翰·德維特」號兩棲船塢運輸艦，它的艦體比「鹿特丹」號更長更寬，因此也就具有一個更大型的直升機起降甲板。

「鹿特丹」級和「加利西亞」級兩棲船塢運輸艦

排 水 量：標準排水量12 750噸，「鹿特丹」級的滿載排水量16 750噸，「加利西亞」級的滿載排水量為13 815噸

艦艇尺寸：「鹿特丹」級的艦長166公尺；「加利西亞」級的艦長為160公尺；艦寬25公尺；吃水深度5.9公尺

動力系統：4臺柴油發電機帶動2臺電動機，輸出功率為12 170千瓦（16 320軸馬力），雙軸推進

性　　能：航速19節，航程11 125公里（6 910英里）/12節

武器系統：（「鹿特丹」級）2套30公厘口徑的「守門員」近戰武器系統，4門20公厘口徑火砲；（「加利西亞」級）2門20公厘口徑「梅羅卡」近戰武器系統

電子系統：1部DA-08型對空/對海搜索雷達，1部「偵察」對海搜索雷達

運送兵力：611名陸戰隊隊員，33輛戰車或者170輛裝甲人員輸送車，6艘車輛人員登陸艇，或者4艘通用登陸艇，或者4艘機械化登陸艇

艦 載 機：6架NH 90型直升機或4架EH 101型直升機

人員編制：113人

加拿大

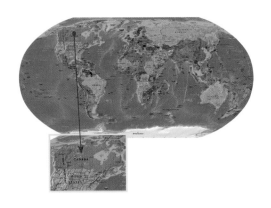

主力是4艘「維多利亞」級（以前英國的「支持者」級）常規潛艇和15艘艦隊護航艦（分為「易洛魁人」級和「哈里法克斯」級）。加拿大海軍積極參與支援美國主導的反恐戰爭，尤其是「持久自由」行動，並向波斯灣和印度洋派遣艦艇，參與國際反海盜行動等。

　　一九九八年加拿大海軍與英國簽

　　儘管和強大的南部鄰居的海軍相比力量稍弱，但加拿大海軍仍然是一支戰力全面而強大的海軍力量。這支海軍大致分為大西洋艦隊和太平洋艦隊，其

下圖：這是剛剛抵達加拿大西海岸受損的加拿大海軍潛艇「希庫蒂米」號，該艇很快將根據「維多利亞」級潛艇服役中支援合同進行翻新和維修工作。

署了一項合同，以7.5億加元（約6.5億美元）的價格採購4艘一九九三年退役的「支持者」級潛艇。這是加拿大海軍近一〇年以來最大的一宗艦艇採購合同。「支持者（維多利亞）」級潛艇的引進非常不順利，4艘潛艇在船塢中翻修花去的時間要比預期多得多。更糟糕的是，4艘潛艇中的最後一艘「希庫蒂米」號於二〇〇四年十月五日在其交付航行中發生了致命的電線著火事故。加拿大海軍決定推遲這艘潛艇的維修作業，直到其他潛艇完成了計畫中的升級為止。「希庫蒂米」號潛艇的維修於二〇一〇年開始。目前加拿大海軍中的3艘「維多利亞」級潛艇活動也不多。加拿大海軍與英國的巴布考克國際公司領頭的數家企業簽署了服役內支援合同，要它們承諾提供更好的服務。加拿大海軍計畫通過延長潛艇停靠泊頭的時間，來提高潛艇執勤的效率，最終目標是在大西洋和太平洋海域各保持1艘潛艇活

動。該級潛艇應用了英國現役核動力攻擊潛艇的很多技術，如果進入活動狀態將為加拿大提供強大的水下作戰能力。

在水面艦艇方面，加拿大海軍目前有兩個重要的計畫，一是「哈里法克斯」級導彈護衛艦的壽命中期現代化計畫，另一個是用以取代現有補給艦的聯合支援艦計畫，該艦計畫建造3艘。加拿大海軍希望利用先進技術對已經達到服役壽命中期的「哈里法克斯」級導彈護衛艦進行現代化改造，更新控制指揮系統和電子戰系統，升級雷達和通信系統，換裝新型武器裝備，並進行艦體結構和機械部件的翻新。加拿大新斯科捨省的哈里法克斯造船廠和不列顛哥倫比亞省的維多利亞造船廠負責「哈里法克斯」級導彈護衛艦的維護和修理，合同總額為9億加元；洛克希德·馬丁加拿大公司的一個團隊負責就作戰系統整合提供支援性服務，合同總額為20億加元。洛克希德·馬丁加拿大公司是在二〇〇

加拿大海軍主力艦艇構成						
類型	級別	數量	噸位	尺寸 (米)	艦員	服役日期
主力水面護航艦						
導彈驅逐艦	「易洛魁人」級	3	5 100噸	130×15×5	280人	1972年
導彈護衛艦	「哈里法克斯」級	12	4 800噸	134×16×5	225人	1992年
潛艇						
常規潛艇	「維多利亞」級 （「支持者」級）	4	2 500噸	70×8×6	50	1990年

八年十一月獲得該項合同的。這個導彈護衛艦的現代化改裝二〇一〇年開始，二〇一七年結束。從長期來看，加拿大海軍將用一種新的主力水面作戰艦來取代現有的「哈里法克斯」級導彈護衛艦和「易洛魁」人級導彈驅逐艦。

　　和「哈里法克斯」級導彈護衛艦服役壽命中期現代化計畫相比，聯合支

下圖：「哈里法克斯」級護衛艦的尾部高聳著1座機庫和1個飛行平臺，用於搭載1架CH-124型「海王」直升機。機庫上方安裝著1套雷達控制的「密集陣」Mk15型近戰武器系統，裝備有1門20公厘口徑六管火砲。

援艦計畫的進度滯後很多。早在二〇〇四年，當時的工黨政府就提出了這一計畫。它是「加拿大第一」國防戰略的重要組成部分，也受到目前的保守黨政府的支持。目前關於這個計畫的詳細信息還比較少。加拿大海軍希望通過建造一種28 000噸級、200公尺長的新艦來提高補給、海運和後勤支援能力，從而提高遠征作戰能力。該艦最初預計在二〇一二～二〇一六年間交付。但不幸的是，由於兩家承包商不能以規定的預算水平實現海軍的目標，軍方與之進行的協商於二〇〇八年八月二十二日中止。

「哈里法克斯」級導彈護衛艦

動力系統：2臺通用電氣公司製造的LM2500型燃氣渦輪機，輸出功率為35 412千瓦（47 494軸馬力）；1臺皮爾斯蒂克20 PA6 V 280型柴油機，輸出功率為6 560千瓦（8 800軸馬力），雙軸推進

性　　能：航速29節，航程17 620公里（10 950英里）/13節

武器系統：2座四聯裝導彈發射裝置，配備8枚「魚叉」反艦導彈；1套「海麻雀」防空導彈系統；1門57公厘口徑火砲；1座20公厘口徑「密集陣」近戰武器系統設備；2具雙聯裝324公厘口徑（12.75英寸）魚雷發射管，配備 Mk46 反潛魚雷

電子系統：1部SPS-49（V）5型對空搜索雷達、1部「海長頸鹿」HC150型對空/對海搜索雷達、1部1007型導航雷達、2部SPG-503STIR1.8型火控雷達、1套UYC-501 SHINPADS（艦載綜合處理和顯示系統）作戰數據系統、1套SLQ-501加拿大海軍電子戰系統、1套「拉姆西斯」SLQ-503型電子監視系統、1部誘餌發射裝置、1部SLQ-25拖曳式魚雷誘餌、1部SQS-510艦體安裝的有源聲吶、1部SQR-501 CANTASS（加拿大拖曳列陣聲吶系統）拖曳式陣列聲吶

艦 載 機：1架CH-124型直升機

右圖：照片中這艘戰艦是加拿大皇家海軍護衛艦「范庫弗峰」號。「哈里法克斯」級護衛艦雖然僅僅裝備了輕型火砲系統（1門57公厘口徑「博福斯」式 SAK Mk2型火砲），卻具有良好的反艦和反潛能力。

下圖：一九七二年七月，「易洛魁人」號導彈驅逐艦服役，它將與3艘姊妹艦作為加拿大海軍的主力反潛平臺一直服役到二十一世紀二〇年代。如今，「易洛魁人」級戰艦已經達到其設計重量的極限，最初裝備的海軍版AIM-7E「麻雀」防空導彈已被SM-2MR「標準」導彈取代。從二〇一〇年開始，一級新型戰艦將補充進來，從而加強12艘「哈里法克斯」級護衛艦的作戰能力。

上圖：雖然計畫拖延的時間很長，在海上試驗期間又發現了噪聲問題，但「哈里法克斯」級導彈護衛艦最終發展成為一種非常優秀的海洋巡邏艦。圖中這艘戰艦就是加拿大皇家「女王」號護衛艦。

「易洛魁人」級導彈驅逐艦

動力系統：組合燃氣輪機或燃氣輪機方式（COGOG），帶2臺普拉特和惠特尼公司的FT4A2型燃氣渦輪發動機，輸出功率為37 280千瓦（50 000軸馬力）；2臺阿里森公司570-KF型燃氣渦輪發動機，輸出功率為9 470千瓦（12 700軸馬力），均為雙軸

性　　能：航速27節，15節航速下的航程8 370公里（5 200英里）

武器系統：1座Mk41型垂直發射系統，配備29枚「標準」SM-2MR Block Ⅲ型防空導彈；1門76公厘口徑（3英寸）超快速火砲；1套20公厘口徑Mk15「密集陣」近戰武器系統；2具三聯裝Mk32型324公厘口徑（12.75英寸）魚雷發射管，配備12枚Mk46型反潛魚雷

電子系統：1部SPS-502對空搜索雷達、1部SPQ-501對海搜索雷達、2部「探險者」導航雷達、2部SPG-501火控雷達、1套SLQ-501 CANEWS（加拿大海軍電子戰系統）電子監視系統、1套Nulka電子對抗系統、4座屏蔽誘餌發射裝置、SLQ-25「水精」魚雷誘餌，以及2部SQS-510組合式艦體聲吶和可變深度聲吶

艦載機：2架CH-124A型「海王」反潛直升機

「維多利亞」級巡邏潛艇

推進系統：2臺「瓦倫塔」16SZ型柴油發動機，輸出功率2 700千瓦；1臺通用電氣公司製造的電
　　　　　動機，輸出功率4 025千瓦，單軸驅動

航　　速：水面12節，水下20節，最大續航力14 805公里（8節巡航速度）

下潛深度：作戰潛深300公尺，最大潛深500公尺

武器系統：6具533公厘口徑魚雷發射管（全部置於艇艏），配備18枚Mk48 Mod 4型有線制導主
　　　　　動/被動自動尋的兩用魚雷；原來預備的水雷和潛射型「魚叉」反艦導彈已被拆除，有
　　　　　可能增加防空能力

電子裝置：1部1007型導航雷達、1部2040型被動艇艏聲吶、1部2007型被動翼側陣列聲吶、1
　　　　　部MUSL被動拖曳陣列聲吶、1部「雷布拉斯科普」火控系統、1部AR900電子支援系
　　　　　統、2部SSE型誘餌發射器

右圖：二十世紀九
〇年代初期，隨著
蘇聯解體和冷戰結
束，英國皇家海軍
「支持者」級潛艇
在服役很短時間後
就被封存了，後來
被加拿大皇家海軍
買走。

下圖：由於經費限制和國際形勢變化等原
因，「支持者」級潛艇最終只建造了4艘，從
一九九〇年開始編入英國皇家海軍服役，裝
備了「劍魚」魚雷和UGM-84B型「魚叉」
潛射反艦導彈等先進武器。

馬來西亞

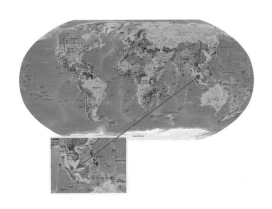

馬來西亞海軍近些年經濟狀況要穩定得多，這使得其海軍規模相對較小但是技術上卻比較先進。二〇〇九年四月二十七日，馬來西亞皇家海軍慶祝了其成立60週年的紀念日。馬來西亞皇家海軍當前採購計畫的核心是建立一支潛艇部隊。馬來西亞於二〇〇二年簽署了採購2艘「鮋魚」級潛艇的合同。該型潛艇由法國DCNS和西班牙伊薩爾（IZAR，即現在的納凡蒂亞）造船廠聯合建造。這兩艘潛艇的首艇「阿卜杜勒‧拉赫曼」號由法國DNCS的瑟堡造船廠建造，而部件則由兩家公司共同建造。該潛艇於二〇〇九年一月二十七日在法國土倫港正式交付，二〇〇九年九月三日抵達馬來西亞。第二艘「敦‧拉扎克」號也於二〇一〇年七月交付馬來西亞海軍。該級潛艇排水量為1 700

噸，長為67.5公尺，艇員為31人。該級潛艇是東南亞地區技術上最先進的潛艇之一，可以持續部署45天。

馬來西亞皇家海軍水面艦隊的核心是一九九九年底交付的2艘亞羅造船廠建造的「萊庫」級導彈護衛艦。儘管由於作戰系統整合出現問題導致發展進度後延，但是該級導彈護衛艦在馬來西亞皇家海軍服役的經歷證明這是一種成功的戰艦。

馬來西亞皇家海軍水面艦隊另外一項建造計畫是首批6艘「梅科」 A-100型「吉打」級近海巡邏艦。儘管現在這種艦僅裝備了76公厘「奧托‧梅拉」艦砲和較小口徑的武器，但是只要為其安裝上反艦和防空導彈，這種1 700噸級戰艦作戰能力將升級至一艘輕型導彈護衛艦的水平。該艦原由德國造船集團公司設計，現在已經演變為了蒂森克魯伯海上系統公司，據估計馬來西亞皇家海軍最終將裝備27艘該級艦。這些戰艦除了最初兩艘由德國建造外，其餘將均在馬來西亞檳城的檳榔嶼造船公司海軍造船所建造。第一批所有6艘戰艦在二〇〇八年底之前服役。

下圖：馬來西亞正在讓其第一艘潛艇服役，這是法國和西班牙聯合建造的「鮋魚」級潛艇，總共是兩艘。圖中是二〇〇九年春季由納凡蒂亞造船廠建造的「敦·拉扎克」號正在試航。

美國

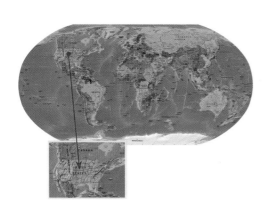

美國海軍是世界上最強大的「藍水」海軍，據有絕對的優勢。後面圖表中列出了美國海軍主力艦艇構成。

美國海軍主張發展一支擁有313艘艦船的艦隊，以適應二十一世紀的任務需求。這一主張已提出數年。二十世紀八〇年代中期，美國海軍擁有約600艘艦船。然而，二十世紀九〇年代很多戰艦早早退役，使得艦船數量大幅減少。

儘管長期發展目標存在不確定性，但是美國海軍一直努力用非常強悍的戰艦來加強近期的力量存在。隨著「小鷹」號常規動力航空母艦的退役和「喬治·H.W.布什」號核動力航空母艦的服役，美國海軍實現了航空母艦的全部核動力化。隨著數艘後續Flight IIA

型「阿利·波克」級導彈驅逐艦和新的「維吉尼亞」級攻擊型核潛艇的建造與服役，美國海軍潛艇的數量也保持了相對穩定。「維吉尼亞」級攻擊型核潛艇計畫是美國海軍冷戰結束之後最為成功的造艦計畫之一。美國海軍計畫裝備多艘「聖安東尼奧」級兩棲運輸船塢艦。二〇〇九年一月二十四日，第4艘「綠灣」號服役；第5艘「紐約」號二〇〇九年底加入海軍。

美國海軍的足跡遍及全球各大海

下圖：一九七九年一月，美國海軍「小鷹」級航空母艦在南中國海航行，旁邊是補給船「尼亞加拉瀑布」號和巡洋艦「利希」號。

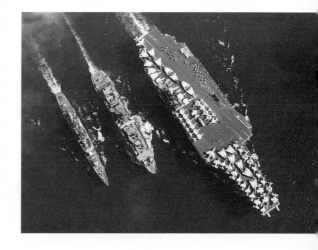

區。除了正在實施的反恐行動外，美國海軍還在非洲之角進行反海盜活動。除了印度洋外，太平洋及其鄰近海域也是美國海軍活動的主要海域。美國海軍還逐步從大西洋向太平洋轉移海上兵力以擴大其在該地區的影響力。

儘管沒有美國海軍那樣引人注目，美國海岸警衛隊也是美國海洋能力的重要組成部分。當前不對稱威脅的時代，海岸警衛隊在國土安全中正扮演越來越重要的角色。和平時期，海岸警衛隊在國土安全部控制之下遂行任務；戰時它將轉屬海軍部執行作戰任務。美國海岸警衛隊的主力海空裝備也面臨著升級的問題。為此海岸警衛隊從二〇〇二年開始了一項雄心勃勃的現代化計畫，與洛克希德·馬丁公司和諾思羅普·格魯曼公司聯合組成的團隊「綜合海岸警衛隊系統」簽署了一項長期協議，這就是「深水」計畫。根據「深水」計畫，美國海岸警衛隊將裝備一系列新一級艦船，包括適合遠洋航行的8艘國家安全巡防艦、25艘離岸巡視船以及58艘近岸快速反應巡邏艇。國家安全巡防艦首艦「伯瑟夫」號於二〇〇八年八月四日下水，二〇〇九年五月被海岸警衛隊完全接收。另外2艘該級艦也在建造當中。其中「維琪」號二〇〇九年底前交付。「維琪」號國家安全巡防艦滿載排水量在4 300噸左右，由柴燃聯合動力推進，最大可

上圖和左圖：美國海岸警衛隊是美國綜合海洋能力的一個重要組成部分，正在推進其現代化計畫。這是第一艘國家安全巡防艦「伯瑟夫」號正在試航。

上圖：二〇〇八年十一月十二日，美國海軍「阿利·波克」Flight II級「米契爾」號導彈驅逐艦駛離英國樸茨茅斯港。美國海軍決定停止建造更多的「朱姆沃爾特」級導彈驅逐艦，轉而採購該型導彈驅逐艦。

二〇二〇年美國海軍艦隊發展計畫							
舰艇類型	航空母艦	彈道導彈核潛艇	其他潛艇	主力水面艦	護衛艦	瀕海戰鬥艦	兩棲艦船	支援艦船
二〇〇九年中	11	14	57	77	30	1	33	60
二〇二〇財年計畫	11	14	52	88	–	55	31	62

左圖：索馬里外海的「班布里奇」號導彈驅逐艦。二〇〇九年四月，它成功地組織了從索馬里海盜手中營救美國商船船長里查德·菲利普斯的行動。

美國海軍主力艦艇構成

類型	級別	數量	噸位	尺寸(米)	艦員	服役日期
航空母艦						
	「尼米茲」級	10	101 000噸	340×41/78×12	5 700人	1975年
	「企業」級	1	9 300噸	342×41/76×12	5 900人	1961年
主力水面護衛艦						
導彈巡洋艦	「提康德羅加」級	22	9 900噸	173×17×10	365人	1983年
導彈驅逐艦	「阿利·波克」級Flight IIA	27	9 200噸	155×20×10	380人	2000年
導彈驅逐艦	「阿利·波克」級Flight I/II	28	8 800噸	154×20×10	340人	1991年
導彈護衛艦	「佩里」級	30	4 100噸	143×14×8	215人	1977年
瀕海戰鬥艦	「自由」級	1	3 100噸	115×17×4	<50[1]人	2008年
潛艇						
彈道導彈核潛艇	「俄亥俄」級	14	18 800噸	171×13×12	155人	1981年
巡航導彈核潛艇	「俄亥俄」級	4	18 800噸	171×13×12	160人	1981年
攻擊型核潛艇	「維吉尼亞」級	5	8 000噸	115×10×9	135人	2004年
攻擊型核潛艇	「海狼」級	3[2]	9 000噸	108×12×11	140人	1997年
攻擊型核潛艇	「洛杉磯」級	45	7 000噸	110×10×9	145人	1976年
主力兩棲艦艇						
兩棲攻擊艦	「黃蜂」級	8[3]	41 000噸	253×32/42×9	1 100人	1989年
兩棲攻擊艦	「塔拉瓦」級	2	40 000噸	250×32/38×8	975人	1976年
兩棲船塢登陸艦	「聖安東尼奧」級	4	25 000噸	209×32×7	360人	2005年
兩棲船塢登陸艦	「奧斯汀」級	5	17 000噸	171×25×7	420人	1965年
兩棲船塢登陸艦	「惠德貝島」級	12[4]	16 000噸	186×26×6	420人	1985年

註：1. 加上任務相關人員；2. 該潛艇第三艘「吉米·凱爾」號要長一些，排水量大一些；3.「馬金島」號和該級其他艦有很多不同之處；4. 包括4艘「哈伯斯·費里」級的衍生型。

持續航速可以達到28節，裝備了一座57公厘主砲，一部近防武器系統，可以起降1架直升機和2架無人機。由此可見，國家安全巡防艦是一種武備強大的戰艦，類似於輕型護衛艦。該級艦將和美國海軍的瀕海戰鬥艦一起作為美國在低威脅作戰環境中執行任務的重要力量。

航空母艦

美國的航空母艦部署在全球各地，直接支持美國的國家戰略和對盟友的安全承諾。它們的任務是操作和使用艦上近70架飛機對海上、空中和陸地的目標實施攻擊，執行早期預警、艦隊防空、反潛、反艦、監視和電子戰任務，支援聯合和聯盟部隊。

海軍領導人強調，美國需要11艘航空母艦來滿足和平時期、危機時期和戰爭時期的需求，這是得到美國法律確認的需求。但是他們也承認在「企業」號退役之後到下一代航空母艦首艦服役之前有一段只擁有10艘航空母艦的時間，大概為33個月。「企業」號是美國海軍第一艘核動力航空母艦，一九六一年服役。下一代航空母艦首艦預計在二〇一五年服役。

下圖：一架 S-3「北歐海盜」飛機準備從「企業」號航空母艦上起飛。「企業」號是美國海軍第一艘核動力航空母艦，配置了不少於8座的核反應堆。它的另外一個顯著特徵在於島形上層建築及其上面的雷達天線。

除了「企業」號外，美國海軍目前有10艘「尼米茲」級核動力航空母艦在役。該級首艦「尼米茲」號於一九六四年完成初始設計，一九七五年服役。該級最後一艘艦「喬治H.W. 布什」號二〇〇九年一月十日服役，預計服役到二〇五九年。

美國海軍「尼米茲」級航空母艦之後的下一代航空母艦為「吉拉德·R. 福特」級航空母艦，該級航空母艦也被稱為「CVN-21」，意即二十一世紀的核動力航空母艦。新一代航空母艦在艦體、機械和電子方面都有很大的進步。儘管該級航空母艦取名為「CVN-21」，但是舷號編列仍然延續「尼米茲」級，如第一艘「吉拉德·R. 福特」級航空母艦編為CVN-78。新一級航空母艦將使用最新的效率更高的全壽命週期為五〇年的核動力推進裝置；使用電磁飛機彈射系統和先進攔阻裝置。新一級航空母艦與「尼米茲」級航空母艦相比，發電能力幾乎

提高了3倍，以適應電磁飛機彈射系統和先進攔阻裝置的電力需要，同時也為未來技術插入提供電力使用空間。電磁飛機彈射系統的發展非常困難，但是海軍認為技術問題是可以解決的。新一級

上圖：二〇〇九年四月拍攝的海試中的「喬治·H.W. 布什」號航空母艦，它是美國海軍「尼米茲」級航空母艦的最後一艘。有些不同尋常的是，它在二〇〇九年一月完工之前就正式入役了，但諾斯洛普·格魯曼公司的紐波特紐斯船廠直到二〇〇九年五月十一日才將其正式交付美國海軍。當月，「布什」號完成了飛行甲板測試，包括第一次進行飛機彈射和回收。

左圖：二〇〇九年一月，美國海軍第10艘「尼米茲」級航空母艦「喬治·H.W. 布什」號從諾思羅普·格魯曼公司紐波特紐斯造船廠駛出進行第一次海試。美國海軍現擁有11艘航空母艦，但是二〇一二年十一月「企業」號退役之後數量會減少到10艘。

航空母艦還稍稍擴展了飛機甲板,並對上層建築進行了修改,旨在提高行動效率,增加戰機的出動架次。人力系統整合也減少了該級艦對人員數量的需求,使得艦員數量大幅減少。通過這一舉措,美國海軍用在新一級航空母艦上的維護費用要比用在「尼米茲」級航空母艦上的維護費用每艘少50億美元。

上圖:作為美國海軍新一代航空母艦,「傑拉德·R·福特」號預計於二○一五年完工。

右圖:一九八八年,F-14「雄貓」戰鬥機編隊從航行在地中海上的「尼米茲」級核動力航空母艦「艾森豪威爾」號的上空掠過。「尼米茲」級滿載排水量95 000噸,屬於全方位多用途航空母艦,它綜合了「埃塞克斯」級航空母艦的反潛作戰能力。第一批3艘「尼米茲」級航空母艦的作戰性能與其他航空母艦相比有著明顯的差別。

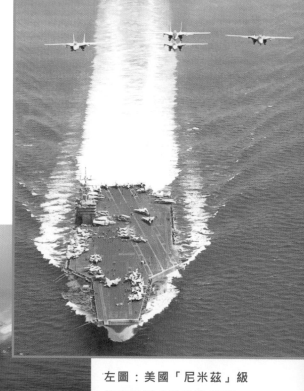

左圖:美國「尼米茲」級航空母艦「羅納德·雷根」號。這是「雷根」號即將服役前進行艦載清洗系統測試的場面,該系統主要用來清除核生化遺留物。

下圖：美國海軍建造「尼米茲」級航空母艦的主要目的是為了提升在核戰爭環境下的生存能力，其上運載的航空聯隊能夠對防守嚴密的敵方重要目標實施全天候核打擊，正是這種能力使得該級航空母艦在冷戰期間成為對手打算攻擊的首要目標。

上圖：美國海軍「哈里·S. 杜魯門」號（CVN-75）飛行甲板的面積相當於3個足球場的大小，所搭載的艦載機聯隊的規模甚至比一些國家的空軍部隊還要強大。

「尼米茲」級航空母艦

排 水 量：81 600噸（標準），91 487噸（滿載）

飛行甲板：長332.90公尺；寬76.80公尺

推進系統：2座A4W/A1 G型核反應堆驅動4臺蒸汽渦輪機，輸出功率208 795千瓦，4軸驅動

艦 載 機：最多可搭載90架，但目前的美國海軍艦載機聯隊通常為78~80架

火力系統：3座八聯裝「海麻雀」防空導彈發射架、4套20公厘口徑「密集陣」近戰武器系統、2具三聯裝320公厘口徑魚雷發射管

電子裝置：（首批3艘航空母艦）1部SPS48E型3D對空搜索雷達、1部SPS-49（V）5型對空搜索雷達、1部SPS-67V型對海搜索雷達、1部SPS-67（V）9型導航雷達、5套飛機降落輔助裝置（SPN-41型、SPN-43B型、SPN-44型和2套SPN-46型）、1部URN-20型「塔康」系統、6部Mk 95型火控雷達、1部SLQ-32（V）4型電子支援裝置、4部Mk36超級RBOC干擾物投放器、1套SSTDS魚雷防禦系統、1套SLQ-36「尼克斯」聲呐防禦系統、1套ACDS戰鬥數據系統、1部JMCIS戰鬥數據系統、4套特高頻和1套超高頻衛星通信系統

人員編制：艦員3 300人，航空人員3 000人

水面作戰艦：宙斯盾系統戰艦

美國海軍現在擁有22艘「提康德羅加」級導彈巡洋艦。這些戰艦都裝備了以宙斯盾武器系統為核心的作戰系統以及相關的SPY-1 A/B多功能相控陣雷達。

其中3艘具有宙斯盾彈道導彈防禦作戰能力。美國海軍也在準備改造剩下的19艘，使其具備彈道導彈防禦作戰能力。

水面作戰艦：瀕海戰鬥艦

瀕海戰鬥艦是海軍所稱的「二十一世紀的水面作戰艦家族」的另一個部分。美國海軍越來越強調瀕海作戰。如今各種不同的「反介入」能力——靜音柴電潛艇、海軍水雷和小型高機動水面攻擊艇——使許多弱小國家和非國家行為體有潛在的能力來阻止美國力量進入並使用瀕海海域。瀕海戰鬥艦計畫就是為了應對這些威脅和其他多種「任務聚焦」概念中的威脅。

主力遠征作戰艦艇

「黃蜂」級兩棲攻擊艦是美國海軍和海軍陸戰隊兩棲作戰能力的核心。該級艦共有8艘，主要任務是為艦上指揮官提供指揮控制能力，指揮海上機動/攻擊作戰，並使用直升機和兩棲載具來投送地面部隊上岸。除此之外，該級艦還有一些次要任務，包括力量投送、海洋控制、人道主義救援和災難反應。該級艦為直升機和垂直/短距起飛或降

下圖：事實上，美國海軍「黃蜂」級大型兩棲攻擊艦在本質上可以稱為一支強大的單艦登陸部隊，不僅能夠起降偏轉翼飛機和垂直起飛/短距降落飛機，還擁有可以容納LCAC氣墊登陸艇和AAV7兩棲突擊車的船塢甲板。本圖是二〇〇一年六月服役的美國海軍「黃蜂」級大型多用途兩棲攻擊艦「硫黃島」號（LHD-7）。

落飛機如AV-8「鷂」式飛機和MV-22「魚鷹」飛機提供飛機甲板，為氣墊登陸艇和傳統登陸艦提供船臺甲板，提高了總體運載量。

除了「黃蜂」級兩棲攻擊艦之外，美國海軍還裝備了「聖安東尼奧」級兩棲運輸船塢艦。美國海軍發展該級艦的目的是提高作戰靈活性，滿足陸戰隊空地特遣部隊的運輸需求。該級艦有25 000平方英尺的空間裝載車輛，這是「奧斯汀」級兩棲運輸船塢艦車輛裝載空間的兩倍。該級艦有34 000立方英尺

右圖：除了能夠投射一支強大的空中力量之外，「黃蜂」級兩棲攻擊艦還能夠投送3艘氣墊登陸艇（見圖）或者12艘機械化登陸艇。

上圖：以「硫黃島」號為代表的「黃蜂」級兩棲攻擊艦，是美國海軍用途最廣泛的兩棲攻擊艦，能夠搭載30架直升機和6~8架AV-8B「海鷂」攻擊機。

左圖：黃蜂級兩棲攻擊艦是美國遠征作戰能力的核心。這是二〇〇八年九月第7艘黃蜂級兩棲攻擊艦「硫黃島」號。

右圖：在支援「持久自由」行動期間，美國海軍「黃蜂」號通用兩棲攻擊艦（LHD-1）正在航行途中接受「供給」號補給艦的海上加油。「黃蜂」號所搭載的飛機包括AV-8B型攻擊機和CH-53「超級種馬」直升機。

「黃蜂」級兩棲攻擊艦

排 水 量：41 150噸

艦艇尺寸：艦長253.2公尺；艦寬31.8公尺；吃水深度8.1公尺動力系統：2臺齒輪傳動式蒸汽輪機，輸出功率為33 849千瓦（70 000軸馬力），雙軸推進

航　　速：22節

航　　程：17 594公里（10 933英里）/18節（33公里/小時，20公尺/秒）

艦員編制：1 208 人

海軍陸戰隊員：1 894名

作戰物資：2 860立方公尺（101 000立方英尺）用於一般物資，外加1 858平方公尺（20 000平方英尺）的平面空間用於存放車輛

艦 載 機：部署的數量取決於所擔負的任務，但能裝載AV-8B戰鬥攻擊機和AH-1W、CH-46、CH-53型以及UH-1N型直升機

武器系統：2座雷聲公司生產的Mk29八聯裝防空導彈發射裝置，發射「海麻雀」半有源雷達自動尋的導彈；2座通用動力公司生產的Mk49型導彈發射裝置，發射RIM-116A型紅外/輻射自動尋的導彈；3座通用動力公司生產的20公厘口徑六管「密集陣」Mk15火砲（LHD 5~7號艦上僅裝備2門）；4門25公厘口徑Mk38火砲（LHD 5~7號艦上裝備3門）；4挺12.7公厘口徑機槍

電子對抗措施：LQ-49干擾物浮標、AN/SLQ-32雷達預警/干擾發射臺/誘騙系統

電子系統：1部AN/SPS-52型對空搜索雷達或者AN/SPS-48型對空搜索雷達（後來的戰艦裝備）、 1部AN/SPS-49型對空搜索雷達、1部SPS-67型對海搜索雷達、導航和火控雷達、1套AN/URN 25型「塔康」戰術空中導航系統

「聖安東尼奧」級兩棲船塢運輸艦

排 水 量：滿載排水量25 300噸

艦艇尺寸：艦長208.4公尺；艦寬31.9公尺；吃水深度7公尺

動力系統：4臺柴油機，輸出功率為29 828千瓦（40 000軸馬力），雙軸推進

航　　速：22節

航　　程：未知

人員編制：32名軍官，465名士兵

海軍陸戰隊員：699人，最多800名

貨　　物：貨艙708立方公尺（25 000立方英尺），位於甲板下方，車輛甲板面積2 323平方公尺（25 000平方英尺）

武器系統：1套Mk41型導彈垂直發射系統，配備2套八聯裝「海麻雀」系統和64枚導彈；2座通用動力公司的Mk31「拉姆」導彈發射裝置；2門「大毒蛇」Mk46型30公厘口徑近戰火砲；2挺Mk26型12.7公厘口徑機槍

電子對抗措施：4部Mk36型SRBOC干擾物發射裝置、1套「納爾卡」火箭發射的懸停假目標干擾系統、AN/SLQ-25「水精」音響尋的魚雷誘餌、AN/SLQ-32A型雷達預警/干擾/誘騙系統

電子系統：1部AN/SPS-48型對空搜索雷達、1部AN/SPS-73型對海搜索雷達、1部AN/SPQ-9型火控雷達、1部導航雷達和1部聲呐

艦 載 機：2架CH-53「海上種馬」/「超級種馬」直升機，或4架CH-46「海上騎士」直升機，或2架MV-22「魚鷹」偏轉翼飛機，或4架UH-1N「雙休伊」直升機

上圖：除了「黃蜂」級兩棲攻擊艦外，美國海軍還裝備了「聖安東尼奧」級兩棲運輸船塢艦。

上圖：一九九九年年初的某個時候，這架編號為10的處於工程與製造階段的MV-22「魚鷹」直升機，正在美國海軍攻擊艦「塞班」號上進行艦載試驗。

上圖：出於安全的考慮，「魚鷹」直升機的飛行試驗於二〇〇〇年十二月中止，但於二〇〇二年五月二十九日重新開始。圖中展示的是美國海軍陸戰隊的一架試驗直升機。

上圖：美國海軍的一艘氣墊登陸艇正將海軍陸戰隊員和物資運送到「佩勒利烏」號兩棲攻擊艦上。

空間裝載貨物，可以容納約720人（緊急情況下可以容納800人）和相應的醫療設備。後船臺甲板可以投送和回收傳統水面攻擊艇，還可以投送和回收2艘氣墊登陸艇，這些登陸艇可以用來運送物資、人員、陸戰隊車輛和戰車。該級艦的航空設備包括一個機庫和一個飛行甲板，可以讓多種飛機作業，包括現有的和未來的旋轉翼飛機。該級艦還配備了用於降低信號、傳感器維護和其他加強隱身措施的先進複合材料封閉式桅杆/傳感器、最先進技術水平的C4ISR和自我防禦系統、一個可以鏈接艦載系統和上載海軍陸戰隊平臺的艦載廣域網絡。該級艦的總體生活設施也有很大改善。

下一代替代型兩棲攻擊戰艦將作為美國遠征打擊大隊和打擊部隊的一部分提供前沿存在和力量投送能力。下一替代型兩棲攻擊戰艦將可以上載、部署、降落、控制、支持和運作直升機、登陸艇以及兩棲車輛以支援持續作戰行動。它將作為海軍、聯合、多機構和多國家海上遠征部隊的不可分割的一部分

下圖：二〇〇八年九月，「阿利·波克」級導彈驅逐艦「羅斯福」號在兩棲運輸船塢艦「凱爾霍爾」號前航行，它們是硫黃島遠征打擊大隊的一部分。該級導彈驅逐艦既是美國海軍水面作戰艦隊現在的主力，也是其二十一世紀前半葉的核心。

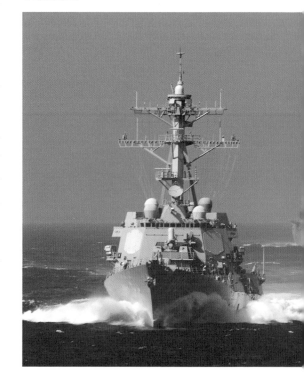

下圖：美國海軍22艘「提康德羅加」級宙斯盾導彈驅逐艦正在進行巡洋艦現代化計畫。這是二〇〇五年「諾曼第」號導彈巡洋艦和「阿什蘭」號兩棲船塢登陸艦一起訪問馬爾他。

本圖：「阿利・波克」級導彈驅逐艦「溫斯頓・邱吉爾」號。到2010財年年底，巴斯鋼鐵公司造船廠和諾思羅普・格魯曼公司艦船系統部帕斯卡古拉造船廠將交付62艘「阿利・波克」級導彈驅逐艦（根據建造計畫）中的第61艘。

左圖：美國海軍裝備宙斯盾武器系統的艦船正在進行現代化升級，增加彈道導彈防禦作戰能力。二〇〇七年六月的一次試驗中，「德凱特」號導彈驅逐艦發射了一枚「標準」3型導彈攔截一枚彈道導彈目標。

其他遠征作戰艦艇

有效的反水雷作戰能力是遠征兩棲作戰能力的重要方面。自一九四五年十月以來，已經有19艘美國戰艦觸雷，其中有15艘沉沒或者嚴重受損，美國海軍對此非常重視。目前美國海軍的反水雷部隊正在轉型，原來反水雷能力由專門的部隊來提供，而現在則成為瀕海戰鬥艦作戰能力的一個組成部分，所以讓這些具備反水雷作戰能力的戰艦很好地服役是非常重要的。

除了反水雷作戰能力之外，遠征作戰也離不開支援能力和預置能力。美國海軍正在用最新的「劉易斯與克拉克」級乾貨和彈藥船取代老舊的「基拉韋厄」級、「馬茲」級和「天狼星」級艦隊輔助船，這些艦船都已接近其各自的最高服役年限。「劉易斯與克拉克」級乾貨和彈藥船將可以實施後勤補給運輸，在海上將物資運到服務於作戰部隊的站點艦船上。它們還可以與一艘艦隊油船相接，擔當次級站點艦船。該級艦

來支援危機反應、強力進入和力量投送行動。首艘下一代替代型兩棲攻擊艦是以「馬金島」號為基礎來設計的，和其他「黃蜂」級兩棲攻擊艦相比，該艦改進了多個方面。其中一些改進「馬金島」號已經具備，如一個燃氣渦輪推進裝置和全電輔助裝置；還有一些「馬金島」號沒有具備，如改進了航空設備、生存力更強、為一個參謀小組提供工作空間。

船是按照商用標準建造的，由軍事海
運司令部所屬的文職艦員來操作的，
必要的時候可以補充軍事人員。「劉
易斯與克拉克」級乾貨和彈藥船上還
配備了一個航空分隊，可以在航行中
進行垂直補給。

　　聯合高速船是一種提供戰區內運
輸能力的平臺。該船來源於美國陸軍的
戰區支援船計畫和美國海軍的高速連接
器計畫，這兩項計畫尋求的能力是通用
的，所以一個聯合平臺就產生了。美軍
已經租用了3艘高速船（「聯合企業」
號、「雨燕」號以及「西太平洋快車」
號），試驗、演習和實戰運用都有經
驗，這些高速船充分展示了它們快速上
載和運輸作戰部隊的能力。聯合高速船
不是一種攻擊平臺，可以為連一級部隊
提供戰區內運輸能力，可以運送人員、
裝備和補給支持全球危機反應、作戰行
動以及戰區安全協作計畫。聯合高速船
現有設計方案的費用分析正在進行當

下圖：遠征作戰需要對支援能力進行投入。
這是「劉易斯與克拉克」號，計畫中14艘乾
貨和彈藥補給艦的首艦。

中。目前美軍租用的高速船滿載情況
下航速超過40節，最大航程超過1200海
里。此外，聯合高速船吃水淺，可以在
瀕海海域有效行動，並可以進入小型簡
易港口。

潛艇

　　「俄亥俄」級彈道導彈核潛艇是
美國戰略威懾力量的重要組成部分。美
國戰略威懾力量還有美國空軍的遠程有

下圖：美國海軍「俄亥俄」級核動力彈道導
彈潛艇有著近似魚類的流線型艇身，這種簡
潔的造型和光滑的輪廓，使其成為一種高航
速、低靜音的優秀潛艇。

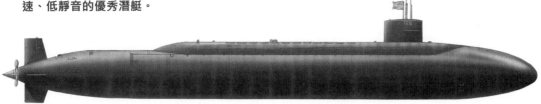

「俄亥俄」級核動力彈道導彈潛艇

排 水 量：16 764噸（水上），18 750噸（水下）

推進系統：1座S8G型壓水式自然循環核反應堆，2臺蒸汽渦輪機，輸出功率44 735千瓦，單
　　　　　軸驅動

航　　 速：水面28節，水下25節

下潛深度：作戰潛深300公尺，最大潛深500公尺

武器系統：24具導彈發射管，發射24枚「三叉戟」ⅠC4型和「三叉戟」ⅡD5型潛射彈道導
　　　　　彈；4具533公厘口徑魚雷發射管，發射Mk48型反潛/反艦魚雷

電子裝置：1部BPS-15型對海搜索雷達、1套WLR-8（Ｖ）型電子支援系統、1部BQR-19型
　　　　　導航聲吶、1部TB-16型拖曳陣列聲吶、大量的通信和導航系統

人駕駛轟炸機和陸基洲際彈道導彈。所有18艘「俄亥俄」級彈道導彈核潛艇都由通用動力公司電子造船部建造，一九八一年十一月開始進入海軍服役。該級潛艇最後一艘「路易斯安娜」號一九九七年九月服役。現在，首批4艘「俄亥俄」級彈道導彈核潛艇已經改裝成了執行對陸攻擊、打擊和特種作戰任務的巡航導彈潛艇平臺。

下圖：作為美國海軍核動力彈道導彈潛艇部隊的主力艇型，「俄亥俄」級潛艇攜帶著超遠射程的「三叉戟」ⅡD5型潛射彈道導彈，這使得它們能夠在距離美國海岸線很近的海域進行作戰巡邏，很容易受到美國海軍其他潛艇、水面艦艇和海上巡邏飛機的保護。

美國海軍現役14艘「俄亥俄」級彈道導彈潛艇都裝備了「三叉戟」Ⅱ／D5潛射彈道導彈。「三叉戟」潛射彈道導彈可以攜載分導式多彈頭，其裝載的分導式多彈頭的數量和突擊要求可以根據戰略軍控需求進行調整。彈道導彈核潛艇正在進行為期27個月的工程換料大修，更換核反應堆的燃料，並翻修所有主要的系統，使它們可以再運作二〇年。最後一艘彈道導彈潛艇換料大修將從二〇一八年開始。

從二〇二七年開始，14艘「俄亥俄」級彈道導彈核潛艇將逐一到達其有用年限。美國海軍需要用新的彈道導彈核潛艇來替換這些潛艇，以保持戰略核威懾能力。有關下一代彈道導彈核潛艇的可選擇性分析計畫於二〇〇九年完成。

首批4艘「俄亥俄」級潛艇已經被改裝成核動力的巡航導彈核潛艇。這些潛艇可以攜載154枚「戰斧」式對陸攻

擊導彈用於大規模精確打擊。此外，這些潛艇可以支持祕密的滲透和撤退行動。借助該型潛艇，66名特種部隊成員可以較長時間地執行相關任務。這些潛艇配備了兩套艇員，一套著藍色制服，一套著金色制服，他們交替操作潛艇，每艘巡航導彈潛艇可以保持70%的時間的戰區存在。這些潛艇運載量更大，裝備了22個直徑為2.1公尺的靈活可配置的導彈發射管，可以快速轉換武器和傳感器載荷配置，應對未來威脅。「俄亥俄」號潛艇已經於二〇〇八年十二月完成了為期15個月的作為巡航導彈潛艇的首次部署。

「維吉尼亞」級攻擊核潛艇不僅可以執行傳統的遠洋反潛和反艦作戰任

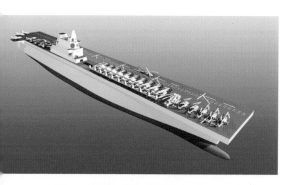

上圖：替代型兩棲攻擊戰艦〔LHA（R）〕的早期想像圖。現在設計的「美國」號兩棲攻擊艦的最新圖片顯示，替代型兩棲攻擊戰艦可能更像「黃蜂」級兩棲攻擊艦的最新改進型「馬金島」號，但是沒有像兩棲攻擊艦那樣的船臺甲板。

務，而且適用於瀕海海域和地區海域的作戰行動。該級潛艇使用了先進的聲學技術，可以靈活配置執行情報搜集和監視、特種作戰部隊插入和撤出、非常規/混合作戰、海洋控制、對陸攻擊和水雷偵察等任務。「維吉尼亞」級攻擊型核潛艇還可以根據具體任務需求而進行靈活的調整。模塊化設計使得無論是現有的潛艇還是未來建造的潛艇，技術插入都非常方便。該級潛艇在其三〇年的服役期間可以有效應對不斷出現的新威脅。

「維吉尼亞」級核潛艇的建造商是通用動力公司電子造船部和諾思羅普·格魯曼公司紐波特紐斯造船廠聯合組成的團隊。根據模塊化建造程序，這兩家船廠各建造該型潛艇的某些部分，然後交替在兩家船廠進行潛艇的整合和交付。首艇「維吉尼亞」號於一九九八年財年開始建造，二〇〇四年十月服役。到二〇〇八年，已經有另外4艘「維吉尼亞」級攻擊型核潛艇服役，SSN-779於二〇〇九年交付。更多的潛艇（SSN780~783）正在建造當中，將於二〇一三年前交付。

除了「維吉尼亞」級攻擊型核潛艇外，美國海軍還有另外兩級攻擊型核潛艇在役。它們是「洛杉磯」級攻擊型核潛艇和「海狼」級攻擊型核

「洛杉磯」級潛艇

類　　型：核動力攻擊潛艇

排 水 量：6 082噸（水面），6 927噸（水下）

推進系統：1座S6G型壓水式反應堆，2臺蒸汽渦輪機，輸出功率26 095千瓦，單軸推進

航　　速：水面18節，水下32節

下潛深度：作戰潛深450公尺，最大潛深750公尺

魚 雷 管：4具533公厘口徑魚雷發射管，配備包括Mk48型魚雷在內共26枚魚雷；潛射「魚叉」
　　　　　和「戰斧」導彈；（從SSN-719號潛艇開始）12具外置「戰斧」戰術巡航導彈發射管
　　　　　（目前攜帶的是「戰斧」C型和D型戰術巡航導彈）

電子裝置：1部BPS-15型對海搜索雷達、1部BQQ-5型或BSY-1型被動/主動搜索和攻擊低頻聲
　　　　　吶、1套BDY-1/BQS-15型聲吶天線、1部TB-18型被動拖曳陣列聲吶、1套水雷冰層探
　　　　　測規避系統

人員編制：133人

下圖：美國海軍「洛杉磯」級潛艇是世界上建造數量最多的核動
力攻擊潛艇，同時也是僅次於「海狼」級潛艇的造價最昂貴的潛
艇。在62艘建成的「洛杉磯」級潛艇中，有51艘仍在服役。

上圖：美國海軍核動力攻擊潛艇正駛往哥倫
比亞港口喀他赫納。

潛艇。「洛杉磯」級攻擊型（SSN-688/688I）核潛艇是美國海軍潛艇部隊目前的主力。該級潛艇總共有62艘，基於三種連續的設計進行建造：（1）SSN-688~718，基本型「洛杉磯」級攻擊型核潛艇；（2）SSN-719~750，裝備了12個用來發射「戰斧」導彈的垂直發射管，並升級了反應堆核心；（3）SSN-751~773，這是改進型，被編號為「688I」，這種潛艇更安靜，裝備了一種先進的BSY-1聲吶組合作戰系統，可

「海狼」級潛艇

類　　型：核動力攻擊潛艇

排　水　量：8 080噸（水面），9 142噸（水下）

推進系統：1座S6W型壓水式反應堆驅動蒸汽渦輪機，輸出功率38 770千瓦

航　　速：水面18節，水下35節

下潛深度：487公尺

魚　雷　管：8具660公厘口徑魚雷發射管，50枚「戰斧」巡航導彈和Mk48型魚雷，或者100枚水雷

電子裝置：1部BPS-16型導航雷達、1部BQQ-5型聲吶系統（配置艇艏球形主動/被動聲吶陣列）、TB16型和TB29型監視和戰術拖曳陣列聲吶、1部BQS-24型主動近程探測聲吶

人員編制：134人

右圖：美國海軍「海狼」級潛艇是世界上造價最昂貴的核動力攻擊潛艇，僅壓水式反應堆項目的研究費用就超過了10億美元。在「海狼」級潛艇設計中，艇艏水平舵可以收回，從而大大提升了潛艇突破北極冰層上浮的能力。

以從魚雷發射管中發射水雷（儘管美國海軍過時的潛艇射水雷已經退出現役），可以用於冰下作戰。

美國海軍還裝備了3艘「海狼」級攻擊型核潛艇，設計用來替代「洛杉

左圖：一九九六年九月，美國海軍「海狼」級潛艇艏艇「海狼」號進行海上試航。「海狼」級是世界上最安靜的潛艇。

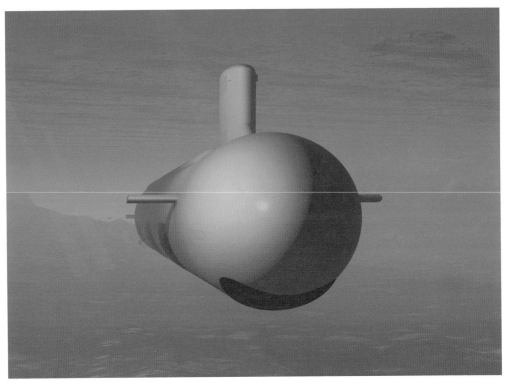

上圖：鑑於使用巡航導彈支援對地作戰已經成為潛艇的重要任務之一，美國海軍新一代的「維吉尼亞」級潛艇在設計時，除了在深海和冰蓋之下作戰之外，還將遂行近海淺水區作戰任務。

磯」級攻擊型核潛艇，以對付蘇聯的航速高、下潛深的「阿庫拉」級潛艇。該級潛艇首艇「海狼」號於一九九七年七月服役，非常安靜（據說在戰術航速時比一艘「洛杉磯」級攻擊型核潛艇還要安靜），航速更快、裝備更好，並擁有先進的傳感器。該級潛艇儘管沒有垂直發射系統，卻有8具660公厘魚雷發射管，也可以發射戰斧式巡航導彈，其魚雷艙內可以裝載50件武器。該級潛艇的第三艘「吉米·凱爾」號艇體延長了48公尺，被稱為多用途平臺。增加的艇體部分將為研究和發展中的先進技術和更強的作戰能力提供裝載空間，這些技術和能力目前處於保密狀態。該級潛艇原計畫建造29艘，但是隨著冷戰的結束，美國國防預算大幅削減，每艘潛艇高達35億美元的造價已無法為美國所接受。美國海軍轉而裝備較小較便宜的「冷戰後」「維吉尼亞」級潛艇。

左圖：首批4艘「俄亥俄」級潛艇已經被改裝成核動力的巡航導彈核潛艇。這是「俄亥俄」號巡航導彈核潛艇。

下圖：「維吉尼亞」級攻擊型核潛艇是美國海軍冷戰後第一代攻擊型核潛艇。它們除可以執行傳統的「藍水」任務外，還適用於瀕海海域的作戰行動。

孟加拉國

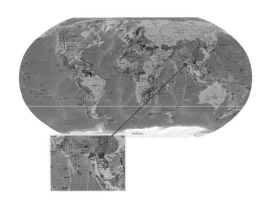

孟加拉國的人口數量位列世界第七,是世界最貧窮的國家之一。儘管如此,這個國家仍然制訂了雄心勃勃的軍事現代化計畫,並已經取得了一定的成效。孟加拉國海軍現在的主力艦艇是5艘巡邏護衛艦,其中3艘是英國皇家海軍原來的41型和61型柴油動力的護航艦,這些戰艦建造於二十世紀五○年代。二○○九年二月,孟加拉國海軍決定用更現代化的戰艦來取這些老艦,可能會選擇在本國建造由土耳其設計的「國家艦」輕型護衛艦。與此同時,孟加拉國最現代化的戰艦是由韓國建造的「蔚山」級護衛艦的衍生型號「哈利德·冰·瓦利德」號護衛艦,於二○○一年服役,其滿載排水量約3 500噸,使用全柴油機,雙軸推進,最高航速28節,主要武器是1門76公厘艦砲、8枚反艦導彈、2套MK32魚雷發射管和1架反潛直升機。

秘魯

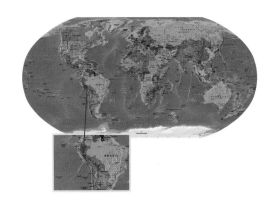

瓦傑爾」級護衛艦的衍生型艦，後來又改裝了4艘原屬義大利海軍的護衛艦。秘魯海軍裝備的其他重要水面作戰艦艇包括6艘「維拉德」級快速攻擊艇和老舊的「格勞海軍上將」號（以前的「德魯伊特爾」號巡洋艦）巡洋艦。「格勞海軍上將」號巡洋艦於一九三九年下水，是當今世界上最後的常規武裝的巡洋艦。該艦的艦員達1 000人，這對資源本已有限的秘魯海軍來說是一個很大的負擔。儘管以前多次有報道稱該艦已經有確定的退役日期，但是它仍然在役。隨著秘魯海軍從美國購買「新港」級戰車登陸艦提高

秘魯海軍一直以來是南美地區第四大海軍力量，其總體規模與智利海軍相當。秘魯海軍水面艦隊現在建設的重點是8艘由義大利設計的「狼」級導彈護衛艦。在此之前智利擁有二十世紀七〇年代採購的4艘原「卡

類型	級別	數量	噸位	尺寸 (米)	艦員	服役日期
秘魯海軍主力艦艇構成						
主力水面護航艦						
巡洋艦	「格勞海軍上將」級（「德魯伊特爾」）	1	12 200噸	187×17×7	950人	1953年
導彈護衛艦	「卡瓦傑爾」級（「狼」級）	8	2 500噸	112×12×4	185人	1977年
潛艇 常規潛艇	「安加諾斯」級（209型）	6 [1]	1 200噸	54×6×6	30人	1980年

註：1. 秘魯海軍既有209型/1100潛艇，也有209型/1200潛艇。詳見209/1100型衍生型。

兩棲作戰能力,這艘老艦可能會退出現役。與「新港」級戰車登陸艦一同採購的還有6架「海王」直升機,這將大大提高秘魯海軍的航空作戰力量。

秘魯海軍擁有6艘德國HDW船廠建造的209/1100和209/1200型柴電常規潛艇,這些潛艇是在一九七五～一九八三年間分3批交付的。儘管這些潛艇已經有些老舊,但仍然具備強大的水下作戰能力。已經有報道稱,它們將裝備新的德國產的AEG SUT 264重型魚雷。

下圖:秘魯海軍水面作戰艦隊現在建設的重點是其國產的8艘「狼」級護衛艦。這是秘魯自行建造的「瑪利亞特奎」號。

209/1200型潛艇

推進系統：4臺西門子MTU柴油電動機，輸出功率3 730千瓦；1臺西門子電動機，輸出功率
　　　　　2 685千瓦，單軸驅動
航　　速：水面11節，水下21.5節
下潛深度：作戰潛深300公尺，最大潛深500公尺
武器系統：8具533公釐口徑魚雷管（全部位於艇艏），發射14枚AEG SST Mod 4型和AEG SUT
　　　　　型反艦和反潛魚雷（典型配置）
電子裝置：1部「加里普索」對海搜索雷達、1部CSU3型聲吶、1部DUUX2C型聲吶或PRS3型聲吶、
　　　　　1部電子支援系統、1套「瑟帕」Mk 3型或「辛巴德」M8/24型魚雷火控/戰鬥信息系統

下圖：一九七五～一九八三年，秘魯海軍先後分
3批接收了6艘209/1200型潛艇，其中的「安加
諾斯」號（前「卡斯馬」號，舷號為SS31）攜
帶了14枚美國製造的NT-37C型反艦/反潛魚雷，
以此來取代該艘潛艇上最初配備的德制武器。

左圖：秘魯也很重視
水下作戰力量建設。
這張圖片是二〇〇
九年六月秘魯海軍3
艘209型潛艇「皮薩
瓜」號、「奇帕納」
號和「伊塞雷」號正
在水面航行中。

摩洛哥

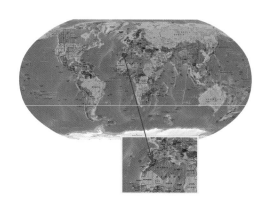

這次摩洛哥與它簽署了1艘FREMM型護衛艦的供應合同。這是該級艦的第一份出口合同。摩洛哥還與荷蘭的謝爾德海軍造船廠簽署了一份3艘「西格瑪」級導彈護衛艦放大型艦的採購合同。在此之前，「西格瑪」級導彈護衛艦曾向印度尼西亞出口，合同總額預計為12億美元。根據摩洛哥與荷蘭簽署的合同，荷蘭的謝爾德海軍造船廠將向摩洛哥海軍交付2艘98公尺長和1艘105公尺長、以柴油機為動力的戰艦，交付時間為二〇一一～二〇一三年。這些戰艦都裝備了由泰李斯荷蘭（尼德蘭）公司製造的作戰系統和傳感器、「飛魚」反艦導彈和「米卡」防空導彈以及76公厘艦砲。

摩洛哥位於非洲西北端，東接阿爾及利亞，南部為撒哈拉沙漠，西瀕浩瀚的大西洋，北隔直布羅陀海峽與西班牙相望，是地中海入大西洋的門戶。最近幾年摩洛哥也在加強海軍力量建設。摩洛哥二〇〇六年分別與法國和荷蘭簽署了採購合同。法國是摩洛哥傳統的軍備供應商，

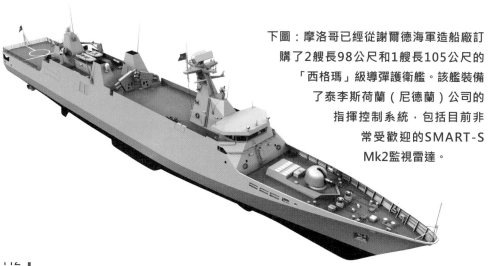

下圖：摩洛哥已經從謝爾德海軍造船廠訂購了2艘長98公尺和1艘長105公尺的「西格瑪」級導彈護衛艦。該艦裝備了泰李斯荷蘭（尼德蘭）公司的指揮控制系統，包括目前非常受歡迎的SMART-S Mk2監視雷達。

墨西哥

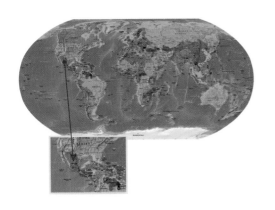

　　墨西哥是美國的南部鄰居，它擁有一支規模較大但名聲較小的海軍，主要執行反毒品任務及自然資源保護任務。墨西哥海軍艦隊分為兩個部分，一是規模較小的一線戰艦艦隊，這些戰艦主要是美國的二手戰艦；另一是規模較大的巡邏艇艦隊，這些巡邏艇大部分是由墨西哥自行建造的。一線戰艦艦隊主要包括4艘「阿蘭德」級（以前

下圖：目前正在墨西哥海軍艦隊中服役的原美國「新港」級戰車登陸艦「帕帕洛阿潘」號。墨西哥海軍裝備了一些原美國的戰艦作為其主力，裝備了大量自行建造的巡邏船來執行日常勤務作為支援。

的「諾克斯」級）護衛艦、2艘老舊的「布拉沃」級（以前的「布朗斯頓」級）以及2艘美國的「新港」級戰車登陸艦。「阿蘭德」級護衛艦是墨西哥一九九七～二○○一年間從美國採購的。除此之外，墨西哥海軍還裝備了2艘以色列建造的SAAR4.5快速攻擊艇。

上圖：特立尼達和多巴哥從英國的BVT水面艦隊造船公司採購了3艘長為90公尺的裝備了直升機的近海巡邏艦。

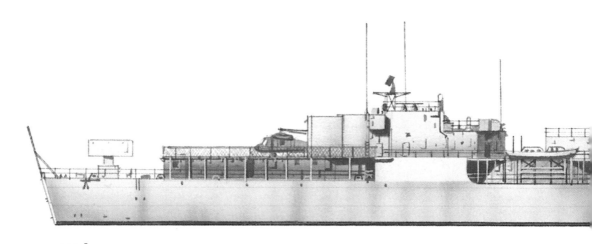

墨西哥海軍還大量裝備了墨西哥自行建造的近海巡邏艦。這些巡邏艦有「霍爾津格」級、「西雅拉」級、「杜蘭戈」級以及「瓦哈卡」級，於一九九一～二○○三年間服役。這些巡邏艦滿載排水量在1 300噸~1 700噸之間，裝備了中等口徑艦砲和直升機飛機甲板，非常適合執行近海巡邏任務。墨西哥政府還宣布，隨著國防預算的增加，除了另外採購直升機和固定翼巡邏機外，還將重啟已經擱置的最新2艘「瓦哈卡」級艦的建造計畫，並考慮提高海軍的艦員數量。此外墨西哥海軍正在建設一個雷達網絡，希望此網絡可以與近海巡邏艦配合，來加強對墨西哥灣的油井的監視力度。

中美洲還有一個重大的海軍採購計畫，那就是特立尼達和多巴哥的近海巡邏艦計畫。為了更有效地保護該地區的石油資源，該國決定為其海岸警衛隊從英國的BVT水面艦隊造船公司採購3艘裝備了直升機的近海巡邏艦。該計畫採購合同簽署於二○○七年四月，總額為2.4億美元。由於英國BVT水面隊造船公司樸茨茅斯造船廠的工作已經轉移到位於克萊德的造船廠實施以減少建造延期，這種近海巡邏艦首艦於二○○九年底開始海試，二○一一年所有3艘艦全部服役。

下圖：美國海軍「諾克斯」號戰艦（FF-1052）是第一艘「諾克斯」級護衛艦。「諾克斯」級護衛艦從先前的「加西亞」級和「布魯克」級改進而成，後來加裝了「魚叉」反艦導彈和20公厘口徑「密集陣」近戰武器系統，其中，近戰武器系統是對抗掠海飛行反艦導彈的最後一道防線。

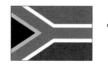 南非

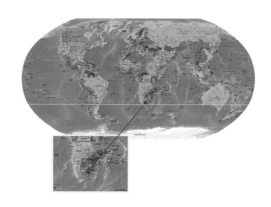

與世界其他主要海軍的交流。

南非海軍最重要的作戰艦艇是3艘209型「女英雄」級常規動力潛艇和4艘「勇猛」級「梅科」A-200導彈護衛艦，這些潛艇和導彈護衛艦都是在一九九九～二○○○年前從德國造船廠那裡訂購的。「勇猛」級護衛艦最近新裝備了「超山貓」直升機。二○○八年

南非海軍現已經成為一支裝備精良、地區影響力大的重要海軍力量。這支海軍不斷通過遠達歐洲和亞洲的長時間部署來加強外交存在，並加強

下圖：4艘「勇猛」級「梅科」A-200型導彈護衛艦構成了南非海軍水面艦艇部隊的核心。圖中所示是「斯皮恩科普」號導彈護衛艦與其兩艘姊妹艦在安裝作戰系統之前。

五月二十二日,隨著最後一艘209型潛艇「莫迪亞吉女王」號抵達西蒙鎮(南非海軍主要基地),這項採購計畫全部完成。儘管南非國內對其海軍是否有足夠的行動預算和專業人員來部署如此複雜的戰艦提升戰力存在爭議,但是隨著南非加大對人力資源的投入,行動的有效性的的確確正在提高當中。

南非的「防務升級計畫2025」列出了未來部隊的構成。該計畫中最吸引眼球的項目是海軍希望採購的1艘戰略支援艦,可能是法國的「西北風」級兩棲攻擊艦。其他重要的採購計畫包括3艘近海巡邏艦和3艘近岸巡邏艦,前者將以1比1的比例替換南非海軍現有的「勇士」級快速攻擊艇。目前這些艦艇主要用來執行巡邏任務。近海巡邏艦長約85公尺,裝備1座76公厘艦砲和直升機。近岸巡邏艦要小一些,長55公尺,裝備了1座30公厘艦砲。據報道這兩型艦都將在南非本地建造,並推向國際市場,滿足地區其他海軍的需求。

下表中列出了南非海軍可能的發展情況。

南非海軍的發展計畫(二〇一〇~二〇二五年)		
舰船類型	2010年數量	2025年數量
導彈護衛艦	4	4
常規潛艇	3	3
快速攻擊艇	3	0
多用途近海巡邏艦	0	3
近岸巡邏艦	0	3
海岸巡邏艇	0	0
水雷戰艦	4	0
主力兩棲艦	0	1

挪威

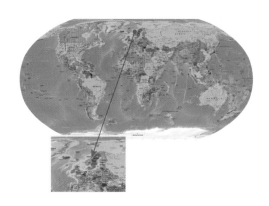

挪威的水面艦艇幾乎全是新型艦艇，包括有5艘裝備了宙斯盾作戰系統的「南森」級導彈護衛艦和6艘「盾牌星座」級快速攻擊艇。前者由西班牙的納凡蒂亞公司建造。該級護衛艦是西班牙海軍F-100級導彈護衛艦的縮小型，排水量為5 000噸，配備了更輕的SPY-1F雷達基陣和短程改進型「海麻雀」導彈。西班牙海軍

F-100型導彈護衛艦裝備的則是「標準」2型防空導彈。截至二○○九年中，5艘該級導彈護衛艦中已經有3艘進入挪威海軍服役；第4艘「海爾格·英斯塔」號於二○○九年秋季完成海試，即將交付；第5艘「托爾·海爾達爾」號於二○○九年二月十一日下水。挪威海軍裝備這些新型護衛艦主要用於遠洋作戰，保護挪威廣闊的北方海域。而近岸防禦則要依賴航速快且能夠隱身的「盾牌星座」級巡邏艇，它們將於下個十年中逐步形成作戰能力。此外，挪威海軍還將對其6艘「烏拉」級常規潛艇實施現代化升級，希望在下一個十年可以保持作戰能力，並積極引進NH-90直升機取代老舊的「山貓」直升機來提高海軍的航空作戰能力。

左圖：挪威海軍通過採購新的「南森」級護衛艦來更新水面艦隊的計畫已經接近完成。該級艦源自F-100護衛艦的設計方案，由斐羅造船廠建造，裝備了輕小的SPY-1F雷達，形成了一種新的宙斯盾作戰系統。這是該級艦第四艘「海爾格·英斯塔」號正在進行海試。

葡萄牙

都將進行升級。該現代化計畫最重要的內容是二〇〇四年葡萄牙海軍與德國蒂森克魯伯海事系統公司HDW造船廠簽署的一項採購2艘裝備了AIP推進系統的209型（PN）潛艇的合同。第一艘209型潛艇「三叉戟」號於二〇〇九年三月開始海試，而其姊妹艇於二〇〇九年三

葡萄牙是面向大西洋的歐洲國家中較小的一個國家。葡萄牙海軍正在實施一項重大的現代化計畫，根據該計畫，葡萄牙海軍艦隊現有絕大部分艦艇

下圖：二〇〇九年年初，葡萄牙海軍的AIP推進系統的209（PN）型潛艇「三叉戟」號正在進行海試。儘管該型潛艇仍然被列為209系列潛艇這一，但是它與最新的214型潛艇有更多的相似之處。

月十三日下水,六月十八日被正式命名為「阿爾帕奧」號。儘管該型艇仍然被列為209型潛艇系列中的一員,但是它們和現有更先進的214型潛艇有更多的相似之處。葡萄牙還從荷蘭海軍手裡接收了2艘「卡雷爾·多爾曼」級護衛艦。該艦和「梅科」 200型「瓦斯科·達·伽」級導彈護衛艦一起作為葡萄牙海軍水面艦隊的核心。與此同時,葡萄牙將自行建造1600噸級的「維亞納·得·卡斯特爾」級遠洋巡邏艦,來取代較老的輕型護衛艦和巡邏艦。和許多歐洲國家一樣,葡萄牙也強調發展兩棲作戰力量,未來計畫由本國建造1艘新的兩棲船塢運輸艦。

下圖:二〇〇九年二月,葡萄牙海軍「雷爾·多爾曼」級護衛艦「巴托洛梅·迪亞斯」號訪問樸茨茅斯港。

日本

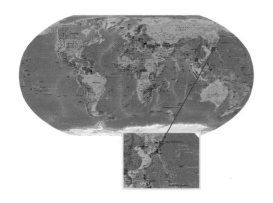

力，保護日本的海洋貿易。如今，這支海軍力量承擔的職責越來越多。

日本海上自衛隊現有的主力艦船構成是由《2005－2009財年中期防務計畫》確定的。該計畫發布於二〇〇四年十二月。這項發展計畫特別強調建設4支「八八」護衛艦隊。每支艦隊包括1

根據日本的戰後和平憲法，日本只能保有一支實力較弱、專守防衛的海上力量，而如今日本海上自衛隊已經發展成為亞洲地區首屈一指的海軍力量。傳統上日本海上自衛隊強調反潛作戰能

下圖：日本海上自衛隊傳統上重點置於反潛作戰，持續部署了大量的護衛戰艦，許多護衛艦都配置到了護衛艦隊中。圖中是導彈驅逐艦「海霧」號和「朝霧」號，後者現已改為一艘訓練艦。圖中這兩艘艦正在歐洲海域實施訓練巡航。

艘直升機驅逐艦以及至少1艘裝備了宙斯盾作戰系統的防空戰艦，作為艦隊的核心。每支艦隊下屬的護衛隊還裝備2~4艘戰艦。海上自衛隊剩下的水面護衛戰艦分配到地方的護衛隊中，這些戰艦將負責兩棲行動和反水雷行動。海上自衛隊潛艇部隊擁有16艘各型作戰潛艇，分為兩個潛艇艦隊。海上自衛隊還將一些潛艇和水面艦艇編為訓練船，在需要的時候可以增援一線部隊或者取而代之。下頁表中列出了海上自衛隊主力艦艇構成情況。

二〇〇九年三月十八日，「日向」號直升機驅逐艦入役。這是一艘直通甲板型直升機母艦。這標誌著日本海上自隊航空作戰能力的巨大擴張，但是

該艦目前主要是作為護衛艦隊的反潛指揮艦來使用的。「日向」號直升機驅逐艦滿載排水量約18 000噸，可以裝載11架直升機執行任務。儘管該艦可以裝載如此多的直升機，但是最初可能僅裝載3架執行反潛任務的SH-60「海鷹」直升機以及執行反水雷任務的EH-101「灰背隼」直升機。該艦其他的反潛裝備包括1部艦艏聲吶和2具324公厘魚雷發射管。「日向」號直升機驅逐艦還具備較強的近程防空能力，裝備了1部用來發射改進型「海麻雀」導彈的16單元Mk41發射器以及2部密集陣砲近防武器系統。Mk41導彈發射器由日本產的三菱電機FCS-3相控陣雷達陣列來控制，該型雷達吸收了泰李斯公司APAR相控陣雷達的許多技術。該艦的推進裝置是

下圖：45型驅逐艦能夠容納一架AW-101「灰背隼」或兩架「山貓」直升機。圖為「勇敢」號飛行甲板上的一架「灰背隼」直升機。

下圖：「灰背隼」直升機，它最主要的任務是反潛作戰、運輸、搜索和救援。

4臺GE LM-2500 燃氣輪機，通過雙軸推進航速可以超過30節。該級的一艘姊妹艦正在建造當中，於二〇一一年服役。看起來日本海上自衛隊中期似乎需要4艘新艦來取代現有老舊的「榛名」級和「白根」級直升機驅逐艦。

儘管不像「日向」號直升機母艦那樣令人矚目，二〇〇九年日本海上自衛隊潛艇部隊還有新潛艇服役。這就是新一級AIP推進潛艇「蒼龍」號，該艇於三月三十日服役。該級潛艇是「親潮」級潛艇的改進和擴大型，新潛艇裝備了瑞典考庫姆斯公司斯特林AIP推進系統的許可證生產型。該級潛艇和其他

潛艇的區別還在於一種創新型的X形尾舵，這也是源於瑞典人的設計。日本海上自衛隊已經確定要建造4艘該級艇，相信數量會更多。

除了新建造艦艇外，日本海上自衛隊最重要的計畫無疑是正在進行的4艘宙斯盾系統「金剛」級導彈驅逐艦的現代化計畫，該計畫旨在對「金剛」級導彈驅逐艦進行改裝，使其可以發射「標準」3型導彈，執行戰區彈道導彈防禦任務。該級導彈驅逐艦是以美國

下圖：二〇〇九年三月十八日，「日向」號直升機驅逐艦服役。該艦是一艘直通甲板型直升機母艦，將作為日本護衛艦隊的一艘指揮艦。

日本海上自衛隊主力艦艇構成（截止二〇〇九年中）

類型	級別	數量	噸位	尺寸（米）	艦員	服役日期
支援和直升機母艦						
直升機母艦	「日向」級	1	18 000噸	191×32×7	350人	2009年
主力水面護航艦						
直升機驅逐艦	「白根」級	2	7 500噸	159×18×5	350人	1980年
直升機驅逐艦	「榛名」級	1	6 900噸	153×18×5	370人	1973年
導彈驅逐艦	「愛宕」級	2	10 000噸	165×21×6	300人	2007年
導彈驅逐艦	「金剛」級	4	9 500噸	161×21×6	300人	1993年
導彈驅逐艦	「旗風」級	2	6 250噸	150×16×5	260人	1986年
導彈驅逐艦	「太刀風」級	1	5 500噸	143×14×5	250人	1976年
導彈驅逐艦	「高波」級	5	5 250噸	151×17×5	175人	2003年
導彈驅逐艦	「村雨」級	9	5 000噸	151×17×5	165人	1996年
導彈驅逐艦	「朝霧」級	6（2）	4 250噸	137×15×5	220人	1988年
導彈驅逐艦	「初雪」級	11（1）	3 750噸	130×14×4	200人	1989年
導彈護衛艦	「阿武隈」級	6	2 500噸	109×13×4	120人	1989年
導彈護衛艦	「夕張」級	2	1 750噸	91×11×4	95人	1983年
潛艇						
常規潛艇	「蒼龍」級	1	4 200噸	84×9×8	65人	2009年
常規潛艇	「親潮」級	11	4 000噸	82×9×8	70人	1998年
常規潛艇	「春潮」級	5（2）	3 250噸	77×10×8	75人	1990年
主力水面艦艇						
登陸平臺船塢艦	「大隅」級	3	14 000噸	178×26×6	135人	1998年

註：括號內的數字表示正在試航或者訓練的艦艇數量。

海軍「阿利·波克」級導彈驅逐艦為基礎，由日本本國造船廠建造的宙斯盾戰艦。該級艦進行升級後，其作戰能力與美國具有彈道導彈防禦作戰能力的戰艦相當。首艦「金剛」號曾經於二○○七年十二月十七日成功攔截過一枚彈道導彈目標。該攔截試驗計畫的針對性更強。二○○九年四月朝鮮進行火箭發射期間，「金剛」號和「鳥海」號都與以日本為基地的美國海軍導彈驅逐艦一起部署保衛日本本土各島嶼。

由於最近幾年行動的擴展，日本海上自衛隊正承擔著越來越多的任務。除了上面提到的要執行戰區彈道導彈防禦任務外，日本海上自衛隊還要在印度洋保持力

上圖：日本已經將其「鳥海」號導彈驅逐艦進行改裝，用於戰區彈道導彈防禦。儘管二○○八年十一月十九日，使用標準3型導彈進行的彈道導彈攔截試驗失敗，日本仍將推進現有宙斯盾戰艦的彈道導彈防禦升級計畫。

量存在，最初是為了支援美國領導下的「持久自由」行動反恐作戰，現在還要赴非洲之角海域實施反海盜行動。

據報道日本於二○一二年一月二十七日為海上自衛隊首艘22DDH級直升機母艦舉行了龍骨鋪放儀式。日本目前已經擁有兩艘直升機母艦，其中「日向」號和「伊勢」號都已經服役。新一級直升機母艦噸位更大。22DDH級直升機母艦計畫於二○一五年開始服役。該

艦艦長248公尺，可搭載14架直升機。比「伊勢」號大50%，超過了一些小型航母。

　　22DDH級直升機母艦滿載排水量達27 000噸，艦長248公尺，艦寬38公尺，航速30節，包括船員和作戰部隊共可搭載970人。

左圖：「日向」號直升機驅逐艦。

左圖：「夕張」級是對「石狩」級進行改進的過渡性設計，「夕張」號和「湧別」號的長寬尺寸都加大了，這樣更易於操縱武器裝備。2座四聯裝「魚叉」導彈發射裝置為這2艘護衛艦提供了相當可觀的反艦能力。

「夕張」級導彈護衛艦

動力系統：柴油機和燃氣渦輪機組合，1臺川崎/羅爾斯·羅伊斯公司生產的「奧林巴斯」TM3B 燃氣渦輪機，輸出功率為 21 170千瓦（28 390軸馬力）；1臺三菱6DRV柴油機，輸出功率為3 470千瓦（4 650軸馬力），雙軸推進

航　　速：25節

武器系統：2座四聯裝導彈發射裝置，配備8枚「魚叉」反艦導彈；1門76公厘口徑（3英寸）「奧托·梅萊拉」小型火砲；預備了1套20公厘口徑「密集陣」近戰武器系統；1座375公厘口徑（14.76英寸）「博福斯」四聯裝反潛火箭發射裝置；2具三聯裝324公厘口徑（12.75英寸）68型反潛魚雷發射管，配備Mk46輕型反潛魚雷

電子系統：1部OPS28對海搜索雷達、1部OPS19導航雷達、1部GFCS1砲瞄雷達、1套NOLQ6電子監視系統、1座OLT3電子對抗措施干擾發射臺、2座Mk36SRBOC干擾物發射裝置、1部OQS1型艦體聲吶

艦載機：無

左圖:「親潮」號潛艇性能類似於大多數的核潛艇。雖然該級潛艇比核潛艇航速慢、續航力小,但其柴油電動機的動力裝置使其比一艘核潛艇安靜得多。

下圖:一九九八年服役的「親潮」號是日本近三〇年來第一艘具有與眾不同的艇身造型和水平舵的潛艇。

「親潮」級常規動力潛艇

動力系統:2臺川崎公司12V25S型柴油機,輸出功率為4 100千瓦(5 520軸馬力);2臺富士電動機,單軸驅動

航　　速:浮航12節(22公里/時,14英里/時),潛航20節(37公里/時,23英里/時)

下潛深度:作戰潛深300公尺,最大下潛深度500公尺

魚雷發射管:6具533公厘口徑(21英寸)魚雷發射管,位於潛艇中部

基本載荷:20枚89型魚雷和「魚叉」反艦導彈

電子系統:1部ZPS-6型對海搜索雷達、1部ZQQ-5B型艇艏聲呐、左右弦弦側式聲呐陣列天線、1部ZQR-1(BQR-15)型拖曳式陣列天線、1臺ZLR 7型電子監視系統設備

左圖：雖然「夕張」級比先前的「築後」級護衛艦小，但裝備有高度的自動化設備，艦員人數控制在100人以內。這些戰艦設計用來在岸基空中力量的掩護下進行作戰，並具備一定的防空能力。必要情況下，該級戰艦還能夠改進20公厘口徑的「密集陣」近戰武器系統。

下圖：DD109號就是「有明」號驅逐艦，它是日本海上自衛最後一艘「村雨」級驅逐艦，同時也是裝備最強大的一艘導彈驅逐艦。

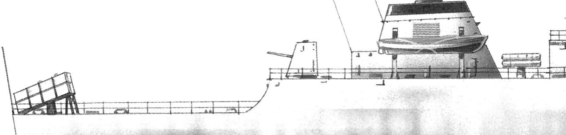

「村雨」級導彈驅逐艦

該級別艦：「村雨」號（DD101）、「春雨」號（DD102）、「夕立」號（DD103）、「霧雨」號（DD104）、「電」號（DD105）、「五月雪」號（DD106）、「雷」號（DD107）、「曙」號（DD108）以及「有明」號（DD109）

排 水 量：標準排水量4 400噸，最大排水量5 200噸

動力系統：2臺通用電氣公司的LM2500型燃氣渦輪發動機，輸出功率為 64 120千瓦（86 000軸馬力）；1臺羅爾斯·羅伊斯公司「斯佩」SM1C型燃氣渦輪發動機，輸出功率為20 130千瓦（27 000軸馬力），雙軸推進

航　　速：30節

武器系統：1套Mk41型反潛火箭（「阿斯羅克」反潛火箭）垂直發射系統；DD101~DD108號艦上均安裝有兩組八聯發射單元模塊，「有明」號艦上安裝有4組八聯發射單元模塊；1套16聯Mk48導彈垂直發射系統，發射 RIM-7M「海麻雀」防空導彈, 8枚SSM-1B「魚叉」艦艦導彈；1門76公厘口徑（3英寸）奧托·梅萊拉小型火砲；2套20公厘口徑「密集陣」Mk15近戰武器系統裝置；2套324公厘口徑（12.75英寸）Mk32 Mod 14型三聯裝魚雷發射管，配備Mk46 Mod 5型反潛魚雷

電子系統：1部OPS-28對海搜索雷達、1部OPS-24 3D對空搜索雷達、1部OPS-2導航雷達、2部2-31型火控雷達、1部URN-25「塔康」無線電信標、1部MkXII型敵我識別系統、1部OQS-5船體安裝的主動式搜索聲吶、1部OQR-1型TACTASS（甚低頻戰術拖曳陣聲吶）拖曳式陣列被動搜索聲吶、4部Mk36 Mod 12型干擾/照明彈誘餌、1部SLQ-25「水精」拖曳式反魚雷誘餌

艦 載 機：1架SH-60J型「海鷹」直升機

人員編制：165人

左圖：日本「初雪」級驅逐艦「磯雪」號（DD127），裝備「魚叉」反艦導彈和「阿斯羅克」反潛火箭（火箭助推反潛魚雷），用來執行反艦和反潛任務。

下圖：「朝雪」號（DD 132）是倒數第2艘「初雪」級驅逐艦。根據建造計畫，該艘戰艦是由5個相關造船廠之中的住友造船廠負責建造的。

「初雪」級導彈驅逐艦

該級別艦：「初雪」號（DD122）、「白雪」號（DD123）、「峰雪」號（DD124）、「澤雪」號
　　　　　（DD125）、「濱雪」號（DD126）、「磯雪」號（DD127）、「春雪」號（DD128）、「山
　　　　　雪」號（DD129）、「松雪」號（DD130）、「瀨戶雪」號（DD131）、「朝雪」號（DD132）

排 水 量：標準排水量2 950噸，從DD129號艦開始，以後的戰艦標準排水量為3 050噸；滿載排水量3 700
　　　　　噸，從DD129號艦開始以後的戰艦滿載排水量為3 800噸。

動力系統：組合燃氣輪機和燃氣輪機，2臺羅爾斯·羅伊斯公司的「奧林巴斯」TM3B型燃氣渦輪發動機，輸出
　　　　　功率為36 535千瓦（49 000軸馬力）；2臺羅爾斯·羅伊斯公司「泰恩」RM1C型燃氣渦輪發動機，
　　　　　輸出功率為7 380千瓦（9 900軸馬力），雙軸推進

航　　速：30節

航　　程：12 975公里（8 065英里）/20節

武器系統：2座四聯裝「魚叉」反艦導彈發射裝置；1座Mk29型「海麻雀」防空導彈發射裝置；1座Mk112型
　　　　　八聯裝「阿斯羅克」反潛火箭；1門76公釐口徑（3英寸）奧托·梅萊拉小型火砲；2門Mk15型20公
　　　　　釐口徑「密集陣」近戰武器系統；2座三聯裝68型324公釐口徑（12.75英寸）魚雷發射管，配備
　　　　　Mk46 Mod 5型反潛魚雷

電子系統：1部OPS-14B對空搜索雷達、1部ORS-18對海搜索雷達、1部T2-12A型艦艦導彈射擊指揮雷達以及
　　　　　2-21/21A型砲瞄雷達、1部OQS-4ASQS-23艦艦安裝的主動式搜索/攻擊聲吶、某些戰艦上還安裝有1部
　　　　　OQR-1型TACTASS（甚低頻戰術拖曳陣聲吶）被動式聲吶、Mk36型SRBOC干擾物/照明彈發射裝置

艦 載 機：1架 SH-60J「海鷹」直升機

上圖：「朝霧」
級驅逐艦的武器
精良、裝備良
好，用來進行
反潛和反艦作
戰。「朝霧」號
（DD151）是8
艘該級驅逐艦中
的第一艘。

上圖：「朝霧」級驅逐艦的主桅桿的原始位置正好位於煙囪的後方，4個燃
氣渦輪所產生的大量廢氣從這些煙囪中排出，因此主桅桿的位置很不恰當。

上圖：主桅桿和後部煙囪經過改正后的佈局，從中可以看出主桅桿向左弦偏移，而後部煙囪則
向右弦偏移。圖中所示是「夕霧」號（DD153）號。

「朝霧」級導彈驅逐艦

該級別艦：「朝霧」號（DD157）、「山霧」號（DD152）、「夕霧」號（DD153）、「天
　　　　　霧」號（DD154）、「濱霧」號（DD155）、「瀨戶霧」號（DD156）、「澤霧」
　　　　　號（DD157）和「海霧」號（DD158）

排 水 量：標準排水量3 500噸，滿載排水量4 200噸

動力系統：4臺羅爾斯·羅伊斯公司製造的「斯佩」SM1A型燃氣渦輪機，輸出功率為39 515千瓦
　　　　　（53 000軸馬力），雙軸推進

航　　速：30節

武器裝備：2座四聯裝「魚叉」反艦導彈發射裝置；1座Mk29「海麻雀」防空導彈八聯裝發射
　　　　　裝置，帶彈20枚；1座八聯Mk112型火箭發射裝置，發射「阿斯羅克」反潛火箭和
　　　　　Mk46型魚雷；1門76公厘口徑（3英寸）「奧托·梅萊拉」型火砲；2門20公厘口徑
　　　　　Mk15型「密集陣」近戰武器系統；2具68型324公厘口徑（12.75英寸）三聯魚雷發
　　　　　射管，配備Mk46型反潛魚雷

電子系統：1部OPS-14C型（或者使用DD155號艦上的OPS-24型）對空搜索雷達、1部OPS-28C型
　　　　　（或者使用DD153~154號艦上的OPS-28Y型）對海搜索雷達、1部2-22型砲瞄雷達、1
　　　　　部2-12G型（或使用DD155號艦上的2-12E型）防空導彈射擊指揮雷達、1部OQS-4A型
　　　　　船體安裝的主動式搜索/攻擊聲吶、1部OQR-1拖曳式陣列聲吶、2座SRBOC（速散離艦
　　　　　干擾系統）6管干擾/照明彈發射裝置、1部SLQ-51「水精」或4型拖曳式反魚雷誘餌

艦 載 機：1架SH-60J型「海鷹」直升機

上圖：「白根」號建成於二十世紀八〇年代初期。可以通過其兩個「橡膠雨衣」（雷達天線桿和煙囪組合）將2艘「白根」級驅逐艦與先前的「榛名」級驅逐艦區分開來。

下圖：一九七三年，「榛名」號反潛驅逐艦徹底建成，能夠搭載3架直升機，使得該艦成為當時功能最強大的反潛驅逐艦之一。

「白根」級反潛驅逐艦

動力系統：齒輪傳動的蒸汽輪機，輸出功率為52 200千瓦（70 000軸馬力），雙軸推進
航　　速：32節（59公里/時，37英里/時）
艦 載 機：三架三菱—塞考斯基公司SH-60J「海鷹」反潛直升機
武器系統：1座八聯裝「阿斯羅克」Mk112型反潛導彈發射裝置（24枚導彈，攜帶Mk46型輕型魚雷）；2具68型324公厘口徑（12.75英寸）三聯反潛魚雷發射管，配備Mk46 Mod 5型反潛魚雷；2門FMC型127公厘口徑（5英寸）單管火砲；1座八聯「海麻雀」防空導彈發射裝置；2套20公厘口徑「密集陣」近戰武器系統
電子系統：1部OPS-12 3D雷達、1部OPS-28對海搜索雷達、OFS-2D導航雷達、信號公司的WM-25型導彈射擊指揮雷達、2部72型砲瞄雷達、1部ORN-6C型「塔康」戰術空中導航系統、1套多用途電子監視系統以及1套電子對抗/誘餌設備、1部OQS-101艦艏裝聲呐、1部SQR-18A被動拖曳式陣列聲呐、1部SQS-35（J）主動式/被動式可變深度聲呐

左圖：「太風刀」級驅逐艦「朝風」號。

右圖：體形更為龐大的「太風刀」級驅逐艦「旗風」號。

「太風刀」級防空驅逐艦

排 水 量：DDG168號和DDG169號標準排水量3 850噸，滿載排水量4 800噸；DDG170號標準排水量3 950噸，滿載排水量4800噸

機械裝置：齒輪傳動蒸汽輪機，輸出功率52 200千瓦（70 000軸馬力），雙軸推進

航　　速：32節（59公里/時，37英里/時）

武器系統：1座單軌Mk13型導彈發射裝置，能夠同時發射「標準」SM-1中程防空導彈以及「魚叉」反艦導彈（備彈40枚）；2門單管127公厘口徑（5英寸）火砲；2套20公厘口徑（0.8英寸）「密集陣」近戰武器系統設備，1座八聯裝「阿斯羅克」反潛火箭發射裝置，僅DDG170號載有重複裝填裝置；2具三聯68型324公厘口徑（12.75英寸）反潛魚雷發射管，配備6枚Mk46 Mod 5型魚雷

電子系統：1部SPS-52B/C 3D雷達、1部OPS-110 對空搜索雷達、1部OPS-160型對海搜索雷達（DDG 170號上安裝OPS-28型雷達）、2部SPG-51C導彈射擊指揮雷達、2部72型砲瞄雷達、2套衛星通信系統、1套全面電子對抗設備、4座Mk36型干擾物發射裝置、1部OQS-3A艦體聲吶

左圖:「金剛」級驅逐艦同與其聯繫緊密的「阿利·波克」級戰艦相比具有更長的直升機起降甲板,但它們與美國驅逐艦一樣,並沒有配備常用的飛機控制設備。

右圖:從SPY-1型雷達系統典型的八角形相控陣天線可以判定「金剛」號驅逐艦是一艘裝備有「宙斯盾」系統的戰艦。

「金剛」級高級防空驅逐艦

排 水 量:標準排水量7 250噸,滿載排水量9 485噸

艦艇尺寸:艦長1 610公尺;艦寬21公尺;吃水深度6.2公尺

動力系統:4臺通用電氣公司的LM 2500型燃氣渦輪發動機,輸出功率為76 210千瓦
　　　　　(102 160軸馬力),雙軸推進

航　　速:30節(55公里/時,34英里/時)

武器系統:2座Mk41導彈垂直發射系統裝置,共配備90枚「標準」SM-2MR型防空導彈和
　　　　　「阿斯羅克」反潛火箭;2座四聯裝「魚叉」導彈發射裝置;1門「奧托·梅萊拉」
　　　　　127公厘口徑(5英寸)小型火砲;2套Mk15型「密集陣」近戰武器系統;2具三
　　　　　聯裝HOS 302型魚雷發射管,配備Mk46 Mod 5型反潛魚雷

電子系統:1部SPY-1D型相控陣對空搜索3-D系統,帶4條陣列天線;1部OPS 28對海搜索雷
　　　　　達;1部OPS-20導航雷達;3部SPG-62火控雷達;1套「宙斯盾」戰鬥數據系統;1
　　　　　套WSC-3衛星通信(SATCOM)系統;1套SQQ-28直升機數據傳輸設備;1套全面
　　　　　電子對抗系統/電子監視系統/電子戰設備;1部OQS 102艦艇安裝的主動式聲吶;1根
　　　　　OQR-2被動拖曳式陣列天線

上圖：日本計畫建造4艘「大隅」級兩棲船塢運輸艦/戰車登陸艦，「下北」號是其中的第二艘，該艦兼有兩棲船塢運輸艦和戰車登陸艦的功能，還有1個艦艉塢艙。

「大隅」級兩棲船塢運輸艦/戰車登陸艦

動力系統：2臺三井公司製造的柴油機，輸出功率為20 580千瓦（27 600軸馬力），雙軸推進
性　　能：航速22節
武器系統：2套「密集陣」近戰武器系統
電子系統：1部OPS-14C型對空搜索雷達、1部OPS-28D型對海搜索雷達、1部OPS-20型導航雷達
運送兵力：330名海軍陸戰隊員、10輛90型戰車或者1 400噸物資、2艘氣墊登陸艇
艦 載 機：1個飛行平臺用於停放2架CH-47J「支努干」直升機

瑞典

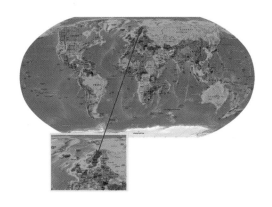

瑞典皇家海軍艦隊原來的定位是一支海岸防禦力量。冷戰結束以後由於瑞典國防預算的減少,其海軍發展有限。目前,瑞典海軍也在積極尋求轉型。它現在由小型護衛艦構成的艦隊也越來越多地參與到了國際行動中。瑞典皇家海軍不僅僅積極參與聯合國駐黎巴嫩臨時部隊海上力量的各項任務,而且還派出「斯德哥爾摩」號、「馬爾摩」號赴非洲之角海域支持國際社會的反海盜行動。瑞典皇家海軍將有5艘新的「維斯比」級隱形輕型護衛艦服役替

下圖:瑞典皇家海軍「維斯比」級輕型導彈巡洋艦最高航行可達35節,以15節航速可以實現最大航程和續航力。上層甲板可以起降直升機。

換老艦，這將大大提高其參與國際行動的能力。瑞典皇家海軍對多用途支援艦的概念也非常感興趣。瑞典皇家海軍5艘強大的「內肯」級AIP推進的潛艇也將進行現代化升級。此外，瑞典還繼續吸引其他國家參與其A-26潛艇的設計工作，特別是挪威和新加坡。

下圖：瑞典皇家海軍的輕型護衛艦已經積極參與到了國際行動中。不久的將來皇家海軍將有更大更好的「維斯比」級隱身護衛艦服役，將進一步提高其參與國際行動的能力。圖中是瑞典皇家海軍「馬爾摩」號輕型護衛艦。二〇〇九年的大部分時間，它都與其姊妹艦「斯德哥爾摩」號輕型護衛艦在非洲之角的海域執行反海盜任務。瑞典皇家海軍還計畫採購新型多用途支援艦。新艦將類似於紐西蘭皇家海軍的「坎特伯雷」號多用途艦。

上圖：「內肯」級潛艇是一款比較典型的柴電動力潛艇，水下續航能力非常有限。隨著首艇
「內肯」號安裝AIP系統，這種情況才有所改變。照片中這兩艘潛艇分別是「內普敦」和「內
加德」號，它們停靠在凱爾斯克羅納港口。

左圖：「內肯」級潛
艇最顯著的特徵在於
出色的火控系統、被
動式聲吶和「科爾摩
根」單孔潛望鏡。

上圖：按照當時的標準，瑞典皇家海軍「內肯」級潛艇屬於一種性能極其優異的潛艇，其所攜帶的有線制導魚雷能夠提供非常強大的反潛和反艦能力。本圖展示的是該級潛艇的首艇「內肯」號。

「內肯」級潛艇（改進型）

排　水　量：水面1 015噸，水下1 085噸

艇體尺寸：長57.5公尺；寬5.7公尺；吃水5.5公尺

推進系統：1臺MTU16V652 MB80型柴油發動機，輸出功率1 290千瓦；2臺「史特林」發動機；1臺施奈德公司製造的電動機，輸出功率1 340千瓦，單軸驅動

航　　　速：水面10節，水下20節

下潛深度：作戰潛深150公尺

武器系統：4具533公厘口徑魚雷管和2具400公厘口徑魚雷管（全部置於艇艏），分別配備8枚和4枚 魚 雷：在外置式吊艙內攜帶48枚水雷

電子裝置：1部「特爾瑪」導航雷達、1套IPS-17 （「瑟薩普」900C）型火控系統、1套AR700-S5型電子支援系統、1部「湯姆森—辛特拉」艇艏被動聲吶

艇員編制：27人

沙烏地阿拉伯

在沙烏地阿拉伯，皇家海軍和其他軍種相比實力相對較弱，而且由於必須要在紅海和波斯灣分別部署兩支分離的艦隊（東部艦隊和西部艦隊），其實力更要弱小一些。西部艦隊裝備的戰艦較大，包括了根據「薩瓦裡I」和「薩瓦裡II」軍備計畫由法國建造的4艘「麥地那」級導彈護衛艦和3艘「利雅得」級導彈護衛艦。其中，「利雅得」級導彈護衛艦排水量達到了4 700噸，是以法國的「拉斐特」級護衛艦為基礎建造的，裝備了

「紫苑15」防空導彈和「阿拉貝爾」火控雷達，具備強大的防空作戰能力。然而，二〇〇四年十二月，「利雅得」級導彈護衛艦的第2艘「麥加」號在西部艦隊主要海軍基地吉達附近海域高速航行時發生擱淺。這支海軍在海上的時間很少，此次事故顯示，沙烏地阿拉伯海軍迫切需要提高其艦員的素質與能力。

東部艦隊裝備了沙烏地阿拉伯皇家海軍大部分輕型護衛艦和巡邏艇，其中包括4艘1 000噸級的「巴德爾」級輕型導彈護衛艦，這些艦艇由美國於一九八〇～一九八三年間交付，還包括9艘同樣較老的500噸級的「阿斯迪克」級快速攻擊艇。這些艦艇與波斯灣地區其他國家海軍的新銳戰艦相比已經非常老舊，它們的替代艦艇有望於接下來幾年中採購。

泰國

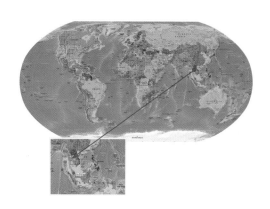

泰國海軍是東南亞國家海軍中唯一擁有直通式甲板航空母艦的海上力量。但是國內不穩定的政治局面阻礙著泰國皇家海軍的發展。正因為如此，泰國皇家海軍擱置了採購由英國BAE系統公司建造的現代化巡邏護衛艦的計畫，轉而採購了近海巡邏艦。這些艦艇類似於輕型護衛艦，造價較低。

最近幾年泰國皇家海軍取得的最大發展是其船塢登陸艦計畫。二〇〇八年十一月，泰國皇家海軍與新加坡新科海事公司簽署了一份總額為2億美元的合同，以新加坡海軍現有的「堅韌」級船塢登陸艦為基礎為

泰國皇家海軍建造一艘船塢登陸艦。該艦的建造工作已經開始，預計將於二〇一二年底交付。近海巡邏艦是以泰國設計的2艘「北大年」級巡邏艦為基礎。該級艦排水量為1 400噸，裝備了1座76公厘艦砲，也可以安裝艦載反艦導彈和艦載反潛直升機，從而把戰力提高到輕型護衛艦的水平。目前這種護衛艦可以說是泰國皇家海軍水面艦隊的主力，泰國需要更多的新艦來替換老舊的美國和英國建造的用以巡邏和訓練的艦船。

下圖：泰國的原美國海軍「諾克斯」級護衛艦「普哈·羅特拉·納哈萊」號二〇〇八年正在與美國海軍舉行演習。預算不足是泰國皇家海軍推進現代化的阻礙所在。

左圖：泰國海軍購買「查克里·納呂貝特」號航空母艦是為了滿足兩棲部隊作戰的需要。然而，泰國政府所面臨的財政困難，制約了該艘航空母艦的進一步發展，使其無法獲得足夠的防禦系統，難以確保其在爭議水域的生存能力。

右圖：「查克里·納呂貝特」號航空母艦的側影。從這幅照片可以看出，泰國皇家海軍這艘主力戰艦與西班牙海軍的「阿斯圖裡亞斯王子」號航空母艦有著非常明顯的相似之處，這是因為兩者均是由同一家造船廠建造的緣故。

「查克里·納呂貝特」號輕型航空母艦

排 水 量：10 000噸（標準），11 485噸（滿載）
艦體尺寸：長182.6公尺；寬22.9公尺；吃水6.21公尺
推進系統：2臺燃氣渦輪機和2臺柴油機，輸出功率分別為32 985千瓦和8 785千瓦，雙軸驅動
航　　速：26節
艦 載 機：6架AV-8「鬥牛士」固定翼飛機，6架S-70B「海鷹」直升機，或者同等數量的「海王」S-76型「切努克人」直升機
火力系統：2挺12.7公厘口徑機槍、2座「米斯特拉爾」防空導彈發射架
電子裝置：1部SPS-32C型對空搜索雷達、1部SPS-64型對海搜索雷達、1部MX1105型導航雷達，1部艦載聲吶、4臺SRBOC誘餌發射器、1套SLQ-32型拖曳式誘餌
人員編制：艦員455人，146名航空人員，175名海軍陸戰隊員

土耳其

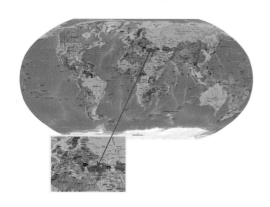

從數字上看，土耳其海軍可能是歐洲中等規模海軍中力量最強的。土耳其正在依靠本國造船工業參與戰艦建造來推動建設一支現代化的力量全面的海軍力量。儘管目前土耳其海軍大部分本國建造的艦船歷史都源於國外的設計，主要是德國，但是土耳其在戰艦國產化上正在取得穩步的發展。這方面最重要的體現就是「國家輕型護衛艦計畫」（MILGEN，簡稱「國家艦」計畫）。

土耳其海軍非常重視水下作戰能力的建設，現擁有14艘常規潛艇，是歐洲擁有常規潛艇最多的國家。所有這些潛艇都源自於德國209型潛艇的設計。其中6艘為209/1200型「阿蒂萊伊」級潛艇，8艘為更大的209/1400型「普萊威

澤」級和「古爾」級潛艇。土耳其海軍原計畫改裝209/1200型潛艇，但是這一計畫已經作廢，取而代之的是新的214型潛艇的採購計畫。二〇〇八年七月，土耳其海軍與德國的HDW造船廠簽署一項總額為25億歐元（35億美元）的合同，採購6艘裝備了AIP推進系統的214型潛艇。土耳其海軍現役潛艇的絕大部分都是由這家造船廠建造的。

土耳其海軍主力水面艦艇一部分是由德國設計的新型艦艇，一部分是美國的二手艦艇。前者包括8艘「梅科」200型「亞維茲」級和「巴羅斯」級導彈護衛及8艘「戈茲昂特普」級導彈護衛艦（原美國海軍「佩里」級導彈護衛艦）。土耳其海軍計畫為後者安裝Mk41垂直發射系統並改進火控雷達作為最新的「約茲加特」級TF-2000型防空導彈護衛艦服役之前的應急戰艦。約「茲加特」級TF-2000型防空導彈護衛艦是土耳其海軍長期發展計畫之一，但是現在被延遲了。隨著老舊的「諾克斯」級導彈護衛艦的逐步退役，其勤務將由二〇〇一～二〇〇二年交付的6艘

前法國A-69型「布拉克」級巡邏護衛艦來負責。未來土耳其海軍將用其「國家艦」計畫輕型護衛艦來替換這些艦艇。「國家艦」排水量為2 000噸，首艦於二〇〇八年九月二十七日下水。土耳其海軍還將採購11艘該型艦船。其中4艘將升級到輕型護衛艦配置，加裝更先進的雷達和垂直發射系統。這一設計方案正在引起其他國家海軍的興趣，並可能成功地實現出口。

土耳其海軍除了擁有潛艇和導彈護衛艦外，還裝備了強大的海岸巡邏艦艇、反水雷作戰艦艇以及兩棲作戰艦艇。二〇〇九年9艘強大的呂爾森公司設計的「基里克」級巡邏艦進入土耳其海軍服役。「阿伊登」級獵雷艦的交付工作也已全部完成。土耳其海軍還在考慮採購至少一艘兩棲船塢運輸艦來提高遠征作戰能力。

委內瑞拉

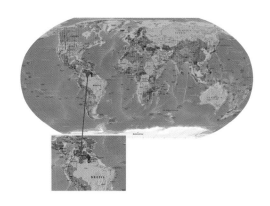

委內瑞拉是一個位於南美洲北部的國家，北臨加勒比海，西與哥倫比亞相鄰，南與巴西交界，東與圭亞那接壤。海岸線長2813公里。近些年委內瑞拉大力投入發展近海巡邏力量，但其海軍軍力仍然較弱。二〇〇五年，委內瑞拉與西班牙納凡蒂亞公司簽署了一項合同，建造4艘遠洋巡邏艦和4艘近海巡邏艦。近海巡邏艦將交付委內瑞拉海岸警衛隊。這些巡邏艦排水量為1 500噸，並不是很先進。首艦於二〇〇九年年底交付。所有8艘艦於二〇一一年服役。二〇一〇年委內瑞拉考慮為其艦隊從俄羅斯採購4艘「基洛」級潛艇。這些常規潛艇裝備常規武器和雷達，能夠完成多種任務，總價值為10億美元。該潛艇裝備4部533公厘魚雷發射裝置和10座導彈發射裝置的俄羅斯第三代潛艇。在強烈的無線電電子干擾情況下，「基洛」級潛艇可攻擊水下固定或移動目標，以及近海或遠海水面目標。

委內瑞拉海軍主力艦艇構成						
類型	級別	數量	噸位	尺寸 (米)	艦員	服役日期
主力水面護航艦						
導彈護衛艦	「狼」級	6	2 500噸	112×12×4	185人	1977年
潛艇						
常規潛艇	「比目魚」級（209型）	6	1 200噸	54×6×6	30人	1975年

下兩圖：委內瑞拉二〇〇五年決定從西班牙
納凡蒂亞公司採購4艘遠洋巡邏艦和4艘近海
巡邏艦。這是兩種艦船的想像圖。

文萊

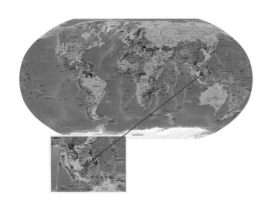

文萊海軍是一支小型海岸防禦力量。海軍兵力僅1 000餘人。海軍的主要裝備為幾艘近海小型快艇,均不適於到近海以外的海域巡航和作戰。

文萊皇家海軍希望通過建造3艘「納哈達·羅甘」級輕型護衛艦來提高其作戰能力,該艦的建造合同於1998簽署,由當時GEC(現在是BVT 水面艦隊造船公司的一部分)的亞羅造船廠(位於蘇格吐溫)建造。目前3艘艦已全部交付。該艦排水量2 000餘噸,最大航速28節,主要武器為2座四聯裝MM40「飛魚」Blockll型導彈、16單元「海狼」導彈垂直發射裝置。配有英國產性能先進的E/F波段監視與目標指示雷達,最大可探測距離250公里。

據稱文萊感受到運作這樣複雜的艦船存在實際困難,又由於國土面積小,人口也較少,不可能建設一支具有相當規模的海軍力量。近來與德國艦船建造商呂爾森造船廠接觸,為其建造不太複雜的艦船來取代其現有二十世紀七〇年代的快速攻擊艇。

西班牙

西班牙海軍可能是近些年歐洲海軍中取得進步最大的一支海軍。這支海軍取得進步最大的表現就是,以納凡蒂亞造船廠的形式將效率較高的本國造船

工業同國外的先進技術(主要是來自美國)有效結合起來,降低了裝備發展的成本。在危機重擊西班牙經濟之前,西班牙海軍發展的預算都是有保障的。因此,今天的西班牙海軍是一支全面發展的現代化海軍,在近些年一系列國際維穩行動中表現突出。

近些年西班牙海軍最重要的建造計畫是5艘裝備「宙斯盾」作戰系統的「艾爾瓦洛·迪·巴贊」級F-100型導彈護衛艦。該級艦的定位是一種通用性強的防空導彈護衛艦。首批4艘於一九九六

西班牙海軍主力艦艇構成						
類型	級別	數量	噸位	尺寸 (米)	艦員	服役日期
航空母艦 航空母艦	「阿圖斯亞里斯王子」	1	16 700噸	196 × 24/32 × 9	555人	1988年
主力水面護航艦 導彈護衛艦	「艾爾瓦洛·迪·巴贊」 (F-100)	4	6 250噸	147 × 19 × 7	200人	2002年
導彈護衛艦	「桑塔·瑪利亞」 (原「佩里」級)	6	4 100噸	138 × 14 × 8	225人	1986年
潛艇 常規潛艇	「賈勒瑪」(S-70/ 「阿古斯塔」)	4	1 800噸	68 × 7 × 6	60人	1983年
主力兩棲艦 船塢登陸艦	「加里西亞」	2	13 000噸	160 × 25 × 6	185人	1998年

右圖：「阿斯圖裡亞斯王子」號航空母艦擁有一條全通式飛行甲板，在艦艏還配置了一臺滑躍式跳板，專門用來起飛戰鬥載荷重的「鷂」II型戰鬥機。

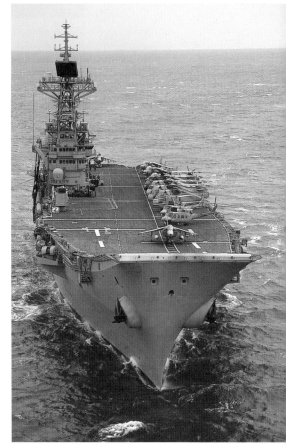

年十月訂購，並於二〇〇二～二〇〇六年間服役。二〇〇五年五月，西班牙海軍宣布將採購第5艘該級艦，並於次年簽署了一份正式合同。二〇〇七年六月開工建造，二〇〇九年二月鋪設龍骨。第5艘被命名為「羅傑·迪·洛瑞亞」號，計畫於二〇一二年完成。和其姊妹艦相比，該艦將進行了多項改進。目前該艦的單艦建造成本約7.5億歐元（合10.5億美元），和歐洲其他國家海軍特別為防空而發展的戰艦相差不多。這主要是因為近些年來美國製造的「宙斯盾」作戰系統以及相關的「標準」2型防空導彈的發展費用由於裝備的艦船數量越來越多，單位成本有所降低。西班牙已經向美國提出要求，希望獲得「戰斧」式對陸攻擊巡航導彈裝備F-100

右圖：西班牙海軍「阿斯圖裡亞斯王子」號航空母艦的機庫位於艦艉，與兩臺飛機升降機之中的一臺相連接。請注意，該艘航空母艦兩側和尾部是4套「梅洛卡」近戰武器系統，每套系統擁有12管20公厘口徑火砲。

型護衛艦。如果裝備此型導彈，那麼西班牙海軍將成為除了美國海軍之後唯一在水面作戰艦上使用該型導彈的海軍。

和許多其他歐洲國家海軍一樣，西班牙海軍也正在發展水面作戰艦隊的高低搭配體系。根據這一理念，新的「艾爾瓦洛·迪·巴贊」級導彈護衛艦和6艘老的「桑塔·瑪利亞」級（原「佩里」級）型導彈護衛艦將作為西班牙海軍的高端作戰艦，而成本較低的近海巡邏艦將作為低端戰艦，執行低強度行動任務。在不久的將來，這些二線任務都將由重新分類的偵察級輕型護衛艦和4艘「瑟維歐拉」級巡邏艦以及一些能力較弱的艦船來負責。 從中期來看，西班牙將主要依靠新的BAM級遠洋巡邏

艦來執行此類任務。這種新艦排水量為2 500噸，長為94公尺，首批4艘於二〇〇六年訂購。西班牙海軍計畫採購12艘該型巡邏艦。該型巡邏艦僅需要35名艦員，最遠航程可達8 000英里，可以連續40天在海上執行任務。該型艦配備了1座76公厘艦砲和一些輕型武器，有供直升機執行任務用的機庫和飛行甲板。由於要向委內瑞拉出口該型巡邏艦，西班牙海軍的採購計畫進度有些滯後，首艦於二〇〇九年九月底下水。

雖然西班牙海軍潛艇的總體數量有所減少，但是其戰力卻有所提升。4艘二十世紀七〇年代的老舊的「女神」級潛艇於二〇〇三～二〇〇六年間退役，剩下的4艘S-70「賈勒納」（「阿戈斯塔」）級在未來十年之初將由新的

上圖：BAM級遠洋巡邏艦的想像圖，西班牙海軍將採購12艘該級艦來加強其巡邏力量。

S-80級潛艇所取代。一直以來，西班牙與法國的潛艇建造工業都保持了密切的合作，與DCNS合作發展的「鮋魚」級潛艇就是其中的代表。但是新的S-80級潛艇將裝備美國研製的AIP系統和作戰系統，其他裝備也將大都採購自英國公司。S-80級潛艇長為71公尺，水下排水量為2400噸，和以往西班牙海軍裝備的潛艇相比，噸位更大，能力更強，適用於更遠的部署，尤其是在不久的將來該型潛艇還可以配備「戰斧」式巡航導彈。

西班牙海軍也非常重視兩棲作戰能力的建設。兩棲作戰能力是後冷戰時代遠征行動中特別重要的方面。西班牙海軍通過建造1艘兩棲攻擊艦來提升其兩棲作戰能力。二〇〇八年三月十日，西班牙海軍稱之為「戰略投送艦」的「胡安·卡洛斯一世」號在納凡蒂亞公司的斐羅造船廠下水，二〇〇九年下半年開始海試。該艦滿載排水量約為27 000噸，通過直升機和登陸艦可以向岸投送1 200名作戰人員。此外，當西班牙海軍「阿圖斯亞里斯王子」號航空母艦不能有效執行任務時，該艦將可以作為垂直起降戰機的載艦。

希臘

希臘海軍一直以來非常依賴德國建造的艦艇，尤其是其主力水面艦艇和

潛艇。蒂森克魯伯海事系統公司擁有希臘的Hellenic造船廠的控股權。希臘海軍目前裝備了8艘二十世紀七〇年代分兩批次採購的老舊的209/1100和209/1200型潛艇。希臘通過與德國公司簽署的兩個合同來更新其潛艇部隊。這兩個合同

下圖：希臘海軍的現代化計畫由於拒絕接收「帕帕尼科李斯」號潛艇的事件而後延。該艇是訂購的4艘裝備AIP推進系統的214型潛艇中的第一艘。

分別是：建造4艘全新的裝備了AIP推進系統的214型潛艇（其中3艘在Hellenic造船廠建造）；根據「海王星II」計畫在希臘的船廠翻新后一批4艘209型潛艇中的3艘。

新的214型潛艇的第一艘由德國基爾造船廠建造，命名為「帕帕尼科李斯」號，早在二○○四年四月就下水了。但是希臘一直拒絕接收該潛艇，認為該潛艇存在技術缺陷，最突出的是其水面穩定性不佳。所有為希臘海軍建造的潛艇已經通過了港口測試，但是海試被推遲，主要看這一爭議的情況而定。與此同時，第一艘翻新的209型潛艇於二○○九年二月二十六日在希臘Hellenic造船廠重新下水。該型潛艇的艇體被延長以用來安裝AIP推進系統。

新一級防空戰艦是希臘海軍水面艦隊現代化的重點。本來德國蒂森克魯伯海事系統公司有望獲得建造6艘現代化防空戰艦的合同。但是現在情況有所改變。希臘政府宣布，它將與法國公司展開談判，希望採購FREMM多用途導彈護衛艦的防空型。希臘海軍水面艦隊擁有4艘「梅科」200「海德拉」級護衛艦和4艘「埃利/科頓埃爾」級護衛艦。希臘海軍已經對其中6艘護衛艦進行了中期壽命現代化升級，這樣它們可以一直服役到二○二○年。

希臘是一個海洋國家，其海岸力量，特別是快速攻擊艇，一直以來都是海軍部隊一個重要的組成部分，也是希臘應對潛在敵手土耳其的一支重要力量。所以儘管海岸力量在其他地方的重要性正在逐步降低，但是希臘還是不斷加大投入發展近岸巡邏艦艇。希臘海軍一方面積極改進其現有15艘「鬥士」II和III型快速攻擊艇，另一方面向本國的埃萊夫西斯造船廠訂購英國原VT集團（現在的BVT水面艦隊造船公司）設計的「Roussen」級巡邏艇。二○○八年希臘海軍又訂購了2艘該型艇，使其數量達到了7艘。除了快速攻擊艇外，希臘海軍也裝備了一些較便宜的巡邏艦，最突出是的HSY-55和HSY-56巡邏艦，這些巡邏艦源自於600噸的「鸚」級獵雷艦。

新加坡

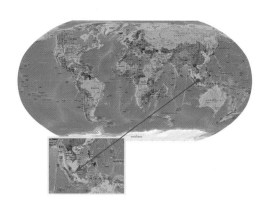

新加坡共和國海軍擁有一支包括水面艦艇、兩棲艦艇和潛艇在內戰力較全面的海軍艦隊。這支海軍近些年還在穩步提升其「藍水」行動能力，積極部署於國際海域，特別是在印度洋。它參與了印－美馬拉巴爾系列演習，以及波斯灣和非洲外海的反恐怖主義和反海盜行動。

新加坡海軍之所以能夠有如此突出的能力，和其裝備了6艘法國設計的導彈護衛艦有關。二〇〇七～二〇〇九年，新加坡採購的6艘法國設計的「可畏」級多用途導彈護衛艦服役。該級艦滿載排水量約3 200噸，以法國海軍隱形的「拉斐特」級導彈護衛艦為基礎設計，但是大大提高了其防空

和反潛作戰能力。該級艦配備了1部先進的泰李斯公司的「武仙座」多功能雷達、「紫苑」防空導彈以及1部拖曳式陣列聲吶。該級艦的首艦由法國DCNS的洛里昂造船廠建造，後續艦由新加坡的新科海事造船廠組裝，這大大提高了新加坡本國的造船能力。

新科海事造船廠曾經為新加坡海軍建造過4艘「堅韌」級船塢登陸艦，使其具備了該地區最強大的兩棲作戰

下圖：二〇〇八年四月，新加坡共和國海軍「可畏」級導彈護衛艦「堅定」號正在配合美國海軍1架SH-60B「海鷹」直升機進行著艦試驗。

能力。「堅韌」級船塢登陸艦排水量為8 500噸，可以運輸一支350人的部隊及其支援性武器和補給，還可以通過直升機或者登陸艇（後部船臺）將這些人員、武器和補給投送上岸。該級艦在支援國際任務時非常靈活。二〇〇四年十二月二十六日印度洋大海嘯之後，該級艦積極參與了災難援助行動，已經在波斯灣海域進行了多次部署。

新加坡海軍在潛艇方面仍然依賴國外進口。目前其潛艇艦隊擁有4艘二手的瑞典「所羅門」級常規潛艇。新加坡海軍二〇〇五年十一月與瑞典的庫克姆斯造船廠簽署一份合同，對瑞典海軍2艘A-17「瓦斯哥特蘭」級潛艇進行改裝，裝備斯特林AIP系統，然後命名為「射手」號和「劍客」號交付新加坡海軍。從長期來看，瑞典希望新加坡能夠參與其A-26潛艇計畫，這項計畫對庫克姆斯公司來說非常重要，有助於保持瑞典的潛艇建造能力。這種新型AIP潛艇的設計工作早在二〇〇七年就授權進行了，但是如果沒有國際夥伴參與到這個計畫中，這種潛艇不大可能會開工建造。

下圖：新加坡已經採購了瑞典海軍使用的A-17級潛艇，並根據一份合同進行改裝，加裝斯特林AIP裝置。這是新改裝的「射手」號。

紐西蘭

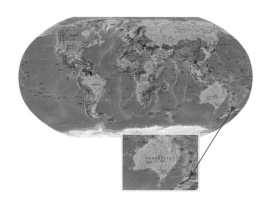

紐西蘭皇家海軍是一支小型海軍，積極接收新艦船來提升其國家警察防衛能力。根據紐西蘭二○○四年與德尼克斯防務公司（如今BAE系統公司澳大利亞公司的一部分）簽署的合同，紐西蘭皇家海軍將以5億紐西蘭元的價格（合3.15億美元）獲得1艘多用途支援艦、2艘近海巡邏艦和4艘小型近岸巡邏艇。所有近海巡邏艦截至二○○九年六月已經全部交付。

「保護者計畫」中第一艘要交付的戰艦是「坎特伯雷」號多用途支援艦。該艦在澳大利亞進行改裝之前是

下圖：**紐西蘭皇家海軍的多用途支援艦「坎特伯雷」號。該艦進入紐西蘭皇家海軍可謂一波三折，是修改商用設計為軍用出現諸多問題的好例子。儘管如此，改商用為軍用對很多國家海軍來說很有吸引力。**

一艘商用滾裝船渡船的設計。該艦滿載排水量達到了9 000噸，可以利用2艘人員登陸艇或者艦載直升機部署和投送一支250人的部隊，是一艘具備兩棲運輸能力的艦艇。

　　紐西蘭皇家海軍作為一支小規模海軍，任務是非常重的。紐西蘭皇家海軍還派出其2艘「安扎克」級導彈護衛艦中的1艘「特瑪納」號赴波斯灣海域實施巡邏，支援國際安全行動。

「特瑪納」號護衛艦和「奮進」號補給艦還參加了在青島舉行的中國人民解放軍海軍60週年紀念國際閱艦式。

下圖：紐西蘭皇家海軍近岸巡邏艇「羅托伊蒂」號，這是二〇〇九年四月二十四日，該艇交付後不久。紐西蘭皇家海軍已經裝備了4艘該型艇。

義大利

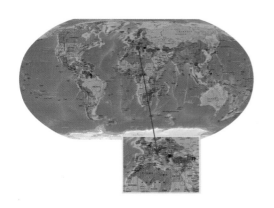

外觀上和法國2艘該級艦一樣,任務定位和英國皇家海軍的「勇敢」級導彈驅逐艦一樣,它們都有一個共同的源頭。「地平線」級導彈驅逐艦和「勇敢」級導彈驅逐艦最大的不同在於使用了先進程度相對較低的EMPAR多功能雷達,與英國的「桑普森」雷達相比,在最高威脅下的能力要弱一些。

義大利海軍最近幾年接收了幾艘全新的大型水面作戰艦,它們是「加富爾」號航空母艦和2艘法國意、大利合作的「地平線」級防空導彈驅逐艦,從而完成了水面作戰艦隊核心部分的更新計畫。「加富爾」號航空母艦於二〇〇八年三月二十七日交付;「安德里亞·多利亞」號和「卡約·杜伊利奧」號導彈驅逐艦分別於二〇〇七年十二月二十二日和二〇〇九年四月三日交付。「地平線」級防空導彈驅逐艦

義大利海軍目前的重點是完成後續FREMM計畫的義大利部分,這也是與法國合作進行的。義大利海軍希望可以採購10艘多用途導彈護衛艦來取代

下圖:義大利海軍FREMM 多用途導彈護衛艦的通用型,注意它與法國該級戰艦的區別。

上圖和下圖：本頁兩圖拍攝於二〇〇六年十二月十九日，「加富爾」號進行第一次海試。

上兩圖：二〇〇八年三月交付義大利海軍之後，「加富爾」號又進行了一系列測試和強化，以達到全部作戰能力。儘管設計具有靈活性，但是打破了兩棲能力優先的企圖，意味著它最重要的任務是充當航空母艦，搭載各種噴氣式飛機和直升機。

其現有的「西北風」級和「阿蒂格利爾」級導彈護衛艦，該計畫的費用預計約60億歐元（84億美元）。二〇〇六年義大利海軍訂購了「卡羅·伯加米尼」號和「卡羅·馬高蒂尼」號FREMM多用途導彈護衛艦，並在二〇〇八年一月又簽署了再採購4艘該級艦的合同。和法國不同的是，義大利仍然選擇最初的計畫，建造既有反潛能力又是通用配置的戰艦。反潛型FREMM多用途導彈護衛艦和通用型FREMM多用途導彈護衛艦大多數裝備都是共通的，但通用型導彈護衛艦配備1座口徑更大的127公厘艦砲，而反潛型護衛艦僅配備1座標準的76公厘艦砲。而且通用型導彈護衛艦沒有反潛型導彈護衛艦的拖曳式陣列聲吶。義大利該級戰艦和法國該級戰艦相比，在外觀和細節上都有較大的區別。這在一定程度上反映出義大利海軍希望通過本國建造來獲得更強作戰能力的願望。舉例來說，所有的義大利艦艇都裝備了本國製造的EMPAR雷達，包括「加富爾」號航空母艦和「地平線」級防空導彈驅逐艦。

　　近些年，義大利海軍水面作戰艦艇數量有所下降，但是其潛艇部隊的質量卻有了很大的提高。這主要是因為義大利海軍正在引進德國裝備了AIP

下圖：義大利海軍「克曼德安迪」級巡邏艦「西里奧」號和「智慧女神」級輕型護衛艦「獅身人面獸」號正在同澳大利亞皇家海軍艦艇在地中海實施演習。義大利海軍計畫採購新的巡邏艦艇。

推進系統的212A型常規潛艇，並進行許可證生產。目前，義大利是除了德國之外唯一裝備該級潛艇的國家。首批2艘艇「薩爾瓦托·托達羅」號和「斯基爾」號分別由潛艇建造商芬坎特里造船金融集團下屬造船廠在二〇〇六～二〇〇七年間交付。二〇〇八年義大利海軍又訂購了2艘該級潛艇，建造工作

預計於二○一○年開始，二○一五～二○一六年交付。與此同時，「薩爾瓦托·托達羅」號二○○八年下半年大部分時間都部署到美國，參與一系列聯合演習，與美國海軍水面艦艇和核動力潛

下圖：一九八八年於威尼斯拍攝的「聖·喬治奧」級兩棲船塢運輸艦。義大利海軍使用3艘該級艦的經驗，對「加富爾」號的設計產生了重要影響。

艇一起行動。這是自第二次世界大戰結束以來，義大利海軍潛艇首次穿越大西洋。這次行動都被意美雙方視為成功的行動，有望在未來再度安排。

　　由於和其他歐洲海軍強國相比，義大利在發展海上力量適應冷戰後的世界上比較落後，義大利政府投入大量經費建造「加富爾」號航空母艦和升級現有的水面作戰艦。義大利海軍

下圖：二〇〇八年義大利新型航空母艦「加富爾」號的交付使用，標誌著義大利海軍重新回到世界一流艦隊的水平。

下圖：「加富爾」號的第二角色是兩棲攻擊艦。從這個角度可以清楚地看到滾裝坡道。

現在迫切需要更新其艦隊中老舊的兩棲艦船。義大利海軍現有3艘「聖·喬治奧」級兩棲船塢運輸艦，滿載排水量8 000噸，能力有限。義大利海軍很早以前就希望可以用更新、更先進的兩棲艦船來替換它們。直到最近，最大的可能就是在二〇一八～二〇二八年間建造3艘新的16 000~20 000噸的兩棲艦船。然而，就像法國那樣，經濟因素可能會影響該計畫的順利推進。義大利海軍也需要新的近海巡邏艦，需要12艘新艦來取代現有的「智慧女神」級輕型護衛艦和「仙後座」級巡邏艦。由於近些年北非國家至義大利的非法移民問題比較嚴重，所以近海巡邏艦在政治上得到特別的重視。

下面表中列出了義大利海軍主力艦艇構成。

義大利海軍主力艦艇構成						
類型	級別	數量	噸位	尺寸(米)	艦員	服役日期
航空母艦						
航空母艦	「加富爾」級	1	27 100噸	244 × 30/39 × 9	800人	2008年
航空母艦	「朱塞佩·加里波底」級	1	13 900噸	180 × 23/31 × 7	825人	1985年
主力水面護航艦						
導彈護衛艦	「安德里亞·多利亞」級	2	7 100噸	153 × 20 × 8	190人	2007年
導彈驅逐艦	「德·拉·潘尼」級	2	5 400噸	148 × 16 × 7	375人	1993年
導彈護衛艦	「西北風」級	8	3 100噸	123 × 13 × 5	225人	1982年
導彈護衛艦	「阿蒂格利爾」級	4	2 500噸	114 × 12 × 5	185人	1994年
護衛艦	「智慧女神」級	8	1 300噸	87 × 11 × 3	120人	1987年
潛艇						
常規潛艇	「托達羅」級（212A型）	2	1 800噸	56 × 7 × 6	30人	2006年
常規潛艇	「佩羅西」級	4	1 700噸	64 × 7 × 6	50人	1988年
主力兩棲艦						
船塢登陸艦	「聖·喬治奧」級	3	8 000噸	133 × 21 × 5	165人	1987年

上圖：「加里波底」號航空母艦的防禦系統相當強大，裝備8座「特瑟奧」Mk 2型反艦導彈發射器和2座八聯裝「信天翁」導彈發射器，後者可發射48枚「蝮蛇」防空導彈。

上圖：義大利海軍艦隊的旗艦———「加里波底」號航空母艦及其艦載機聯隊，是地中海上一支相當強大的海軍力量。在起降常規航空聯隊作戰飛機的同時，「加里波底」號還可以履行突擊型航空母艦的角色, 起降陸軍的CH-47C型、AB205型和A129型直升機。

「加里波底」號航空母艦

動力裝置：4臺飛雅特/通用公司研製的LM2 500型燃氣鍋爐，輸出功率59 655千瓦，雙軸推進

航　　速：30節

艦 載 機：12~18架直升機或者16架AV-8B「海鷂」Ⅱ型戰鬥機，或者直升機與戰鬥機混合裝備

火力系統：8座「奧托·梅萊拉·特瑟奧」 Mk 2型反艦導彈發射架；2座八聯裝「信天翁」發射架，可發射48枚「蝮蛇」艦空導彈；3門40公厘口徑「布萊達」雙管火砲；2具三聯裝324公厘口徑的B-515型魚雷發射管，可發射Mk 46型反潛魚雷

對抗裝置：各種被動式ESM系統，2部SCLAR干擾物投放器，1臺DE1160型聲呐

電子裝置：1部SPS-52C型遠程3D對空搜索雷達、1部SPS-768型D波段對空搜索雷達、1部SPN-728型I波段對空搜索雷達，1部SPS-774型對空對海搜索雷達、1部SPS-702型對海/目標識別雷達、3部SPG-74型艦砲火控雷達、3部SPG-75型艦空導彈火控雷達、1部SPN-749（V）2型導航雷達、1套SRN-15A「塔康」系統（戰術空中導航系統）、1套IPN-20型戰鬥數據系統

人員編制：通常編製550人，最大編製825人（包括航空人員）

上圖：「聖·圭斯托」號和「聖·馬可」號兩棲船塢運輸艦停靠在碼頭，甲板上面搭載著SH-3D型和AB212型直升機。請注意其用於裝載車輛人員登陸艇的左弦舷臺。

上圖：義大利海軍「聖·馬可」號兩棲船塢運輸艦的甲板上裝載著中型卡車，其艦艉的塢艙長20.5公尺，寬7公尺，能夠容納2艘機械化登陸艇。「聖·喬治奧」級兩棲船塢運輸艦的基地設在布林迪西，歸屬義大利第3海軍師調派。

「聖·喬治奧」級兩棲船塢運輸艦

該級別艦：「聖·喬治奧」號（L9892）、「聖·馬可」號（L9893）、「聖·圭斯托」號（L9894）

動力系統：2臺柴油機，輸出功率為12 527.8千瓦（16 800軸馬力），雙軸推進

航　　速：21節

海軍陸戰隊：400名

作戰物資：36輛裝甲人員輸送車，或者30輛中型戰車加上塢艙中裝載2艘機械化登陸艇和2艘或者
　　　　　3艘車輛人員登陸艇，1艘大型人員登陸艇

武器系統：1門「奧托·梅萊拉」76公厘口徑（3英寸）火砲、2門「厄利空」25公厘口徑火砲

電子系統：1部SPS-72型對海搜索雷達、1部SPN-748型導航雷達、1部SPG-70型火控雷達

伊朗

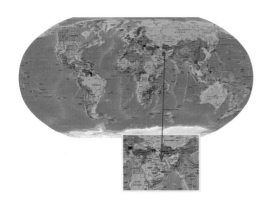

在海灣地區，伊朗算得上是一個海軍大國。伊朗海軍擁有兵員2萬人左右。主要作戰艦艇包括俄制「基洛」級潛艇3艘、驅逐艦3艘、護衛艦3艘和輕型護衛艦12艘。

由於特殊的地理環境，伊朗一直比較注重海軍實力建設。由於其核計畫受到國際社會的制裁，這個國家從國外獲得武器裝備受限很多，因此伊朗海軍更多地依賴本國建造商來建造戰艦，最突出的是一系列微型潛艇。目前據悉已經有本國造船廠建造的新戰艦入役。

以色列

以色列海軍無疑是中東地區最強大的海軍力量。以色列還在採購新的潛艇和水面艦艇，海軍力量有望進一步加強。以色列海軍目前擁有3艘由德國建造的800型「海豚」級潛艇。二〇〇六年，以色列與德國蒂森克魯伯海事系統公司簽署了一份總額13億美元的祕密合同，採購另外2艘潛艇，這些潛艇將於下一個十年之初交付。這些新潛艇是德國現有裝備了AIP推進系統的潛艇的衍生型號，據報道還進行了很多項其他的改進。現在還有不可靠消息稱，這些潛艇通過使用「噴氣式突眼」巡航導彈具備了核打擊能力。

以色列海軍目前最強大的水面戰艦是一九九四～一九九五年由當時的英

格爾斯帕斯卡古拉造船廠建造的3艘武備強大的1300型的「SAAR埃拉特」級輕型導彈護衛艦。除此之外，以色列海軍還裝備了一系列較小的艦艇，包括20艘SAAR 4.5和SAAR 4快速攻擊導彈艇，以及數量不斷增加的超級「德沃拉」級和「翠鳥」級巡邏艇。以色列海軍下一個重要的採購計畫很可能是較大一些的新一級水面作戰艦。以色列正與洛克希德·馬丁公司就建造4艘「自由」級瀕海戰鬥艦進行協商。該計畫將為以色列海軍提供美國海軍的技術，有助於其未來的支援任務。

下圖：這是以色列海軍SAAR 5輕型護衛艦的中段。以色列正在考慮建造新一級的水面作戰艦。

印度

計畫，但是由於基礎設施薄弱，印度在本國造艦能力方面發展較慢。印度海軍依賴進口俄羅斯的技術就是這一問題最好的證明。最突出的一個例子是前蘇聯海軍的「戈爾什科夫海軍上將號」航空母艦的改裝計畫。根據最初的合同，印度海軍從俄羅斯手中引進該航空母艦，

　　到目前為止，印度海軍是印度洋地區實力最強大的海軍。儘管步伐較慢，但印度海軍正在穩步走向世界主要的「藍水海軍」之列。儘管印度已經投入大量的經費來實施海軍現代化和擴充

下圖：16A造艦計畫導彈護衛艦「比阿斯」號，由印度加爾各答加登·里奇造船工程有限公司建造，該艦於二○○五年七月服役，是當時世界最新的以蒸汽輪機為動力的護衛艦。該艦的「血統」可以追溯到「利安德」級導彈護衛艦甚至是21型護衛艦。

印度海軍主力艦艇構成

類型	級別	數量	噸位	尺寸(米)	艦員	服役日期
航空母艦						
航空母艦	「維蘭特」級（競技神）	1	29 000噸	227×27/49×9	1 350人	1959年
主力水面護航艦						
導彈驅逐艦	P-15型「德里」級	3	6 900噸	163×17×7	360人	1997年
導彈驅逐艦	P-16ME型「拉吉特」級（卡辛級）	5	5 000噸	147×16×5	320人	1980年
導彈護衛艦	P-1135.6型「塔爾瓦」級	3	4 000噸	125×15×5	180人	2003年
導彈護衛艦	P-16A型「布拉馬普特拉」級	3	4 000噸	127×15×5	350人	2000年
導彈護衛艦	P-16型「戈達瓦裡」級	3	3 850噸	127×15×5	325人	1983年
導彈護衛艦	「尼爾吉里」級（「利安德」級）	3	3 000噸	114×13×5	300人	1974年
輕型護衛艦	P-25A型「科拉」級	4	1 400噸	91×11×5	125人	1998年
輕型護衛艦	P-25型「庫克里」級	4	1 400噸	91×11×5	110人	1989年
潛艇						
常規潛艇	P-877EKM型K級（「基洛」級）	10	3 000噸	73×10×7	55人	1986年
常規潛艇	「西舒瑪」（209型）	4	1 900噸	64×7×6	40人	1986年
常規潛艇	P-641型「威勒」級（「孤步」級）	2	2 500噸	91×8×6	75人	1967年
主力兩棲艦						
船塢登陸艦	加拉希瓦（「奧斯汀」級）	1	17 000噸	173×26/30×7	405人	1971年

改名為「維克拉馬迪特亞」號,計畫於二〇〇八年交付,用來取代印度海軍現有的「維拉特」號(原英國皇家海軍「競技神」號)航空母艦。但是該艦的交付時間一再後延,目前來看可能要到二〇一二年才會加入印度海軍。最初的改裝升級費用據稱約10億美元,而隨著俄羅斯提出一系列的要求,使得費用上漲到了29億美元,不僅如此,翻修工作還出現了越來越多的問題。儘管印度和俄羅斯政府於二〇〇九年六月達成了新的協議,但是該計畫對印度海軍來說絕非一個省心的計畫,就像英國皇家海軍的未來航空母艦計畫「伊麗莎白女王」級航空母艦一樣。然而,目前印度已經

向俄羅斯支付了6億多美元的費用。

事實上,印度在潛艇裝備上也依賴俄羅斯,特別是它祕密的「先進技術艇」國產核潛艇計畫。這一計畫仍然存在問題。本來印度計畫從俄羅斯租用一艘P-971型「阿庫拉」級攻擊型核潛艇「涅赫巴(Nerpa,意為貝爾加海豹)」號作為中期訓練艇用,但是由於二〇〇八年十一月該潛艇在海試的過程中消防系統出現了事故導致艇上20人死

下圖:二〇〇九年二月,印度海軍「比阿斯」號導彈護衛艦駛離樸茨茅斯港,準備赴北大西洋與英國皇家海軍和法國海軍一起實施演習。

亡，致使這個租借計畫被延遲。

近些年，印度海軍在海外部署上顯得雄心勃勃，越來越活躍。

在二〇〇九年，印度海軍編成了一支由「德里」號、「布拉馬普特拉」號導彈驅逐艦和「比阿斯」號導彈護衛艦以及「埃迪亞」號艦隊補給油船組成的強大的特遣艦隊遠赴北大西洋，與英國皇家海軍和法國海軍舉行了反潛演習，意在使特遣艦隊獲得在大西洋海域的水文和氣象條件下的行動和作戰的經驗。

上圖：錨泊在港口的「德里」號導彈驅逐艦。可以清楚地看到主桅頂端的「半板」對空搜索雷達，艦橋下方的9座「巨蜥」反艦導彈發射裝置同樣清晰可見。

印度海軍擁有約95 000名軍職和文職人員，約135艘艦艇和200架飛機。根據艦船總噸位和數量計，這支海軍在全球海軍排行榜上為第五名。最近幾年，隨著印度國家國際地位的不斷上升和大國夢的不斷膨脹，印度海軍已經快速從冷戰時代的相對孤立的境況中轉變過來，成為全球海軍中一支重要的力量。

現在印度海軍被其政府視為執行印度外交政策的重要工具，海軍預算在印度國防預算中的比重已經從原來的13%上升到了近些年的18%。印度海軍正式宣布的戰略是「發展和維持一支立體化、高技術化和網絡化的海軍力量，可以有效保衛印度在公海的海洋利益，並向瀕海海域投送戰鬥力量」。

印度海軍被編成為3個司令部。西部海軍司令部控制著西部艦隊，主要海軍基地包括孟買和果阿。東部海軍司令部指揮著東部艦隊，主要海軍基地有維

上圖：印度海軍潛艇部隊擁有16艘潛艇，其中10艘為俄羅斯建造的「基洛」級潛艇。這是最新的現代化潛艇「辛杜維佳」號，該潛艇裝備了很多印度建造的裝備，包括USHUS聲吶組合、通信組合和「海豚」電子支援措施系統。更重要的是，這些潛艇現在可以發射「俱樂部」家族導彈，包括3M-14E型對陸攻擊導彈。

沙卡帕特南。南部海軍司令部位於科欽，主要負責所有的岸上和海上訓練資產，包括裝備了4艘海軍艦船和1艘海岸警衛隊近海巡邏艦的第一訓練中隊。此外，印度海軍還有一支較大的分隊配屬

本頁圖：隨著印度國際地位的上升，印度海軍的戰略地位越來越重要。這是「維拉特」號航空母艦（原英國皇家海軍「競技神」號）。下一個十年，印度海軍將轉變為一支強大的「藍水」海軍。

給了跨軍種的阿達曼和尼科巴司令部。印度海軍的艦隊航空兵總部位於果阿，控制著全印度各地至少8個基地、18個中隊近200架飛機。海軍潛艇部隊擁有16艘潛艇，編為多個潛艇中隊分布在各個艦隊。

印度海軍在歷史上都遵循著英國皇家海軍的傳統，但是由於二十世紀六〇年代特殊的政治地理態勢，印度海軍只能接受蘇聯提供的戰艦和潛艇，當時的英國和美國政府並不能向印度海軍提供其所想要的艦艇。因此，印度海軍就有了獨一無二的一面：使用著西方和俄羅斯的海軍裝備，遵循著雙方海軍的經驗、理論、戰術和技術。印度海軍曾經實際上被分割為兩支獨立的海軍，西部艦隊使用英國的戰艦，遵循著英國的傳統；而東部艦隊則裝備了俄羅斯提供的戰艦和潛艇。今天，這種雙重傳統仍然

非常明顯地反映在艦隊的構成上：海軍的戰艦分為三部分，西方的、俄羅斯的以及本國發展的利用了西方和俄羅斯技術的混合型戰艦。

印度海軍早在一九五六年十一月二十三日就成立了一個「海軍造船部」來進行本土上的戰艦維修、改裝和建造工作。最早的時候，海軍的工程師主要是在英國培訓的，後來是在印度卡拉普爾理工學院的海軍建造系培訓，後來又在俄羅斯進行培訓。印度的海軍工程師們從設計輔助艦船開始，其設計建造能

下圖：印度海軍艦隊的旗艦——「維拉特」號，自從一九八六年編入印度海軍以來，已經進行了安全防護、防禦等一系列的現代化改裝工程，其中包括裝備以色列研製的具備反導能力的「巴拉克」近戰導彈防禦系統。根據計畫，該艦將被一艘可起降常規飛機的「維克蘭特」（Vikrant）級新型航空母艦所取代。

力逐步發展壯大，逐步能夠設計建造調查船（「達爾夏」號）以及近海防衛艇，並最終發展到能夠設計建造更大型的水面作戰艦。印度海軍造船最大的一次進步是在二十世紀六〇年代，當時孟買的馬扎剛船塢有限公司開始自行建造「尼爾吉里」級（「利安德」級）導彈護衛艦。印度海軍最終訂購了6艘「利安德」級導彈護衛艦，最後2艘和最初的設計方案大不相同。一九七五年初印度開始了第一種國產主力戰艦的設計，即P-16型「戈達瓦裡」級護衛艦的概念設計工作。該級護衛艦使用了一種按比例擴大的「利安德」級艦體，並混合採用了俄羅斯和西方的武器和傳感器。儘管該級艦同樣使用了亞羅式Y160推進裝置，且排水量增大了35%，但是該艦的設計工作卻比「利安德」級護衛艦快得多。「利安德」級導彈護衛艦的最新改

進型是3艘P-16A型「布拉馬普特拉」級導彈護衛艦。這3艘中的最後一艘於二〇〇五年七月服役，當時它是世界上最新的蒸汽動力戰艦。

艦隊構成

印度海軍擁有約135艘現役艦船和潛艇，和數十艘輔助艦船和港口船舶，其中包括16艘柴電潛艇和近30艘主力水面作戰艦。這些水面作戰艦有1艘航空母艦（「維拉特」號，原英國皇家海軍「競技神」號航空母艦）、8艘導彈驅逐艦、12艘導彈護衛艦和8艘輕型導彈

下圖：印度海軍「維拉特」號航空母艦安裝一條12度傾角的滑躍式飛行甲板，在彈藥艙和輪機艙上方安裝有防護裝甲，能夠起降30架「海鷂」式戰鬥機。

護衛艦。此外，印度海軍還擁有6艘大型的近海巡邏艦，其中一些已經經過改裝，可以攜載海基的「丹努什」巡航導彈。印度海軍其他的重要艦艇包括12艘P-1241RE型「毒蜘蛛I」級導彈艇和4艘P-1241PE型「波克II」級獵潛艇，這兩型艦艇排水量都在450噸左右。印度海軍還裝備了P-266ME型「娜佳I」級大

型掃雷艦和8艘國產「桑德巴奇」級武裝調查船，後者裝備了直升機和攔截艇，這兩種艦艇都是主要用來執行巡邏任務。印度海軍裝備的兩棲艦艇包括「加拉希瓦」號（原美國海軍「特雷頓號」）大型兩棲船塢運輸艦、「沙杜」級、「馬加爾」級以及「波倫什奈」級型戰車登陸艦。艦隊補給艦目前數量較少，只有2艘專門艦船和一些輔助艦船。

印度海軍航空兵大約有200架飛機。這些飛機包括約10架經過升級的「海鷂」FRS51戰鬥機、4架T60教練機、13架遠程海上巡邏機（8架龐大的圖-142MKE「熊」飛機和5架伊爾-38SD「五月」飛機）、約20架多尼爾228近程巡邏機和約100架各種型號的直升機。此外，印度海軍還有12架國產「光線」MkI/II噴氣式教練機和約12架以色列「搜索者」和「蒼鷺」無人機以及一些無人拖靶機。

右圖：印度海軍航空兵有大約200架飛機。這是一架印度斯坦航空有限公司「獵豹」（原法國宇航公司「雲雀」直升機）輕型通用直升機。根據印度斯坦航空有限公司和以色列飛機有限公司的聯合NRUAV計畫，幾架這種直升機將改裝成無人航空器。

上圖：印度海軍的艦隊發展計畫還包括採購新的補給艦。這是由加登·里奇造船公司建造的「阿迪亞」號補給艦。該艦是印度海軍目前在役的少數幾艘補給艦之一。

上圖：正在孟買馬扎剛船塢建造中的P－15A型導彈驅逐艦。印度海軍的艦隊發展計畫由於其造船廠能力有限而一度延遲，目前印度正在改造其造船廠設施。

左圖：P-71國產航空母艦的想像圖。新的航空母艦於二〇〇九年二月二十八日鋪設龍骨，該艦服役可能要到下一個一〇年的中段。

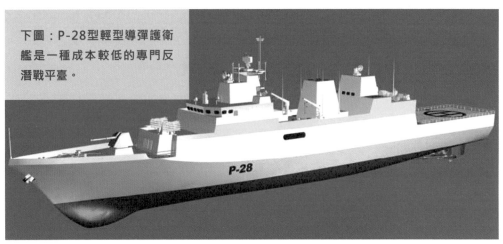
下圖：P-28型輕型導彈護衛艦是一種成本較低的專門反潛戰平臺。

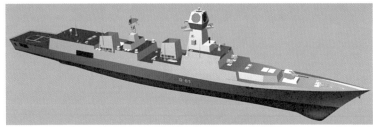
左圖：P-15A型驅逐艦有3艘，是P－15型「德里」級導彈驅逐艦的改進型，正在建造當中。

右兩圖：印度海軍第17號造艦計畫「什瓦利克」級護衛艦的建造已經接近尾聲，預計將於二〇〇九年底服役。儘管該級艦從外觀上看有些像俄羅斯的P－1135.6型「塔爾瓦」級導彈護衛艦，該級艦裝備了俄羅斯、西方和印度本國的各種裝備，包括一座奧托·梅萊拉76公厘艦砲以及SA-N-7防空導彈。

印度海軍重要的新造艦計畫

艦級	P-71	P-15A/15B	P-15B	P-17/17A	P-28	新近海巡邏艦	WJFAC
類型	航空母艦	導彈驅逐艦	導彈驅逐艦	導彈護衛艦	反潛輕型護衛艦	近海巡邏艦	快速攻擊艇
計畫建造	1(1)	3(4)	3(4)	3(7)	4(8)	4(5)	4built+6
造船廠	科欽造船廠	馬扎剛船塢有限公司	馬扎剛船塢有限公司	馬扎剛船塢有限公司	孔扎剛船塢有限公司	果戈造船廠	加里‧里奇造船公司
排水量	40 000噸	6 800噸	6 800噸	5 300噸	2 500噸	2 250噸	300噸
尺寸	260×60×8	163×17×7	163×17×7	143×17×5	109×15×4	105×13×5	50×8×4
推進	全燃聯合動力，4 LM-2500，120 000馬力	全燃聯合動力，4臺Zorya DT-59，64 000馬力以上	全燃聯合動力，4臺Zorya DT-59，64 000馬力以上	柴燃聯合動力，2臺LM-2500和2臺Pielstick 16 PA6 STC 64 000馬力	全柴聯合推進，4臺Pielstick 12 PA6 STC 23 000馬力	柴油機，2臺Pielstick 20 PA6 STC，22 000馬力	柴油機推進，3臺HM811噴水推進，3臺MTU16V4000M90，12 000馬力
航速	28節以上	30節以上	30節以上	32節	25節	25節	35節
艦員	1600人	350人	350人	257人	123人	118人	29人
武備	「巴拉克-NG」空導彈，76公厘艦砲，近防系統	16×「布拉莫斯」反艦導彈（垂直發射系統）48×「巴拉克-NG」防空導彈（垂直發射系統）32×「巴拉克-I」防空導彈（垂直發射系統）1×127公厘艦砲 4×AK-630M近防武器系統 2×雙聯管533公厘魚雷發射管 2×RBU-6000反潛火箭發射器	16×「布拉莫斯」反艦導彈（垂直發射系統）48×「巴拉克-NG」防空導彈（垂直發射系統）32×「巴拉克-I」防空導彈（垂直發射系統）1×127公厘艦砲 4×AK-630M近防武器系統 2×雙聯管533公厘魚雷發射管 2×RBU-6000反潛火箭發射器	8×SS-N-27「俱樂部」反艦導彈（垂直發射系統）1×SA-N-7「牛虻」防空導彈 16×「巴拉克-I」防空導彈（垂直發射系統）1座76公厘艦砲 2×AK-630M近防武器系統 2×雙聯管533公厘魚雷發射管 2×RBU-6000反潛火箭發射器	16×「巴拉克-I」防空導彈（垂直發射系統）1座76公厘艦砲 2×AK-630M近防武器系統 2×雙聯管533公厘魚雷發射管 2×RBU-6000A反潛火箭發射器	1座76公厘艦砲 2×AK-630M近防武器系統	1座30公厘艦砲 Lgla MANPADs 輕型機槍
飛機	30架噴氣式飛機和直升機	2架直升機	2架直升機	2架直升機	1架直升機	1架直升機	Nil
主要傳感器	埃爾塔公司 EI/M 2248 MF-STAR主動相控陣雷達 泰雷斯公司 SMART雷達改進型	埃爾塔公司 EI/M 2248 MF-STAR主動相控陣雷達 BEL RAWL-02對空搜索雷達 Garpun Bal-E 波段對空搜索雷達 火控雷達 Humsa-NG艦艏聲吶 主動拖曳式陣列聲吶	埃爾塔公司 EI/M 2248 MF-STAR主動相控陣雷達 BEL RAWL-02對空搜索雷達 Garpun Bal-E 波段對空搜索雷達 火控雷達 Humsa-NG艦艏聲吶 主動拖曳式陣列聲吶	「頂板」搜索雷達 BEL RAWL-02對空搜索雷達 Garpun Bal-E 波段對空搜索雷達 「前罩」火控雷達 Humsa-NG艦艏聲吶 主動拖曳式陣列聲吶	「拉瓦瑟」搜索雷達 Lynx火控雷達 Humsa-NG 艦艏聲吶 主動拖曳式陣列聲吶	雷達&EO火控	Furuno search/nav. EO火控
電子戰	Ellora電子戰組合	Ellora電子戰組合	Ellora電子戰組合	Ellora電子戰組合	Ellora電子戰組合	Sanket Mk2	N/A
作戰系統控制	未知	AISDN-15A network CAIO-15A	AISDN-15A network CAIO-15A	AISDN-17 network CMS-17	CMS-28	未知	N/A

註：如果艦艇還在建造當中，那麼其武備和傳感器是推斷得出的。此外，就表格中列出的主要傳感器和系統而言，P-15B&P-17A和P-15A&P-17型艦會有所區別。

本頁圖：二〇〇九年初，印度海軍「拉吉普特」級導彈驅逐艦「藍威爾」號在航行中。

印度尼西亞

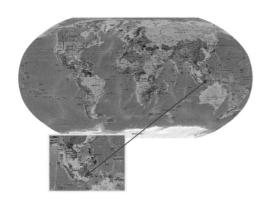

印度尼西亞海軍的主要任務是監控這個國家廣闊的近海海域。印度尼西亞群島上生活著世界上數量第四多的人口。但這個國家與東南亞其他主要國家相比,經濟相對薄弱,且常常受到地區分離主義運動和海盜活動的威脅。因此,印度尼西亞海軍預算的重點是建造比較簡單的海岸巡邏和兩棲艦船。越來越多這樣的艦船是在印度尼西亞本國建造。蘇臘巴亞的PT PAL國營造船廠是其中最重要的造船廠,其造船設施可以建

下圖:「飛魚」反艦導彈———:「發射後不管」的艦艇終結者。

造多種類型的艦船。印度尼西亞海軍兩艘排水量達11 000噸的「馬卡薩」級兩棲船塢登陸艦是迄今為止該造船廠建造的最重要的艦船。該級兩棲船塢登陸艦總共建造4艘，代表著印度尼西亞兩棲作戰能力的飛躍。韓國Daesun 造船廠也參與了該級艦的建造工作。印度尼西亞建造的「馬卡薩」級兩棲船塢登陸艦的首艦於二〇〇八年八月二十八日下水。

除了「馬卡薩」級兩棲船塢登陸艦外，印度尼西亞海軍主要的作戰艦都由國外的造船廠建造的。最近的4艘「狄波尼哥羅」級（「西格碼」級）輕型護衛艦是加入海軍艦隊最重要的戰艦。該級艦由荷蘭達曼造船公司（位於

下圖：「飛魚」Block III等導彈似乎不會對戰術圖像產生多大影響。在反艦模式下，它們只是發射後攻擊引導頭發現的目標。由於它們的數量並不多，因此不會隨便發射——只有當目標被鎖定在一個較小範圍內，導彈才會發射。位置越精確，導彈就越容易尋找到目標，越容易躲避干擾。最極端的情況是攻擊雷達特徵不明顯的地面目標。這需要導彈系統和導彈本身具有更好的偵察系統。「飛魚」等導彈最大的優點是並不需要大型艦艇作為平臺（就像二十世紀之交的魚雷）。如果未來作戰真的要用它們攻擊地面目標，首先該想一想少量的這種武器能做什麼。二〇〇六年歐洲海軍展上展示的「飛魚」Block III全尺寸模型，安裝了增加射程的助推器和攻擊地面目標的GPS接收器。

弗拉辛）下屬的謝爾德海軍造船廠建造，它們分別是印度尼西亞海軍在二〇〇四年和2006分兩批、每批兩艘訂購的。該級艦排水量為1是700噸，主要用於反艦作戰。艦上武備包括「飛魚」反艦導彈、「西北風」近程防空導彈和1座「奧托·梅拉」76公厘艦砲。該級艦最後一艘「弗朗斯·凱西耶波」號於二〇〇九年三月交付，四月十一日駛向它的新母港蘇臘巴亞。除了這一級最新的輕型護衛艦外，印度尼西亞海軍還裝備了3艘老舊的約三〇年前交付由荷蘭建造的「法塔希拉」級輕型護衛艦，以及6艘二十世紀八〇年代從荷蘭皇家海軍手中接收的二手「范·斯派克」型導彈護衛艦。印度尼西亞海軍非常需要新的水面艦艇來替換16艘「帕契姆I」級海岸護衛艦。這些艦艇是在德國統一之後從東德獲得的，已經過時。然而，印度尼西亞海軍目前有限的預算都優先用到了潛艇艦隊的擴充上。這支海軍目前僅擁有2艘209/1300型德國制潛艇。印度尼西亞海軍可以選擇採購新建造的「基洛」級潛艇，也可以選擇採購韓國經過翻新的209型潛艇。韓國的209型潛艇將被更新的214型AIP推進潛艇所取代。目前，韓國的大宇造船廠已經參與到了印度尼西亞海軍艦船的現代化計畫中，所以後者是最有可能的選擇。

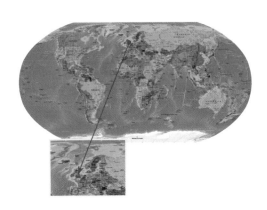

英國

一九九八年，英國發布的《戰略防務評估》中列出了其雄心勃勃的發展計畫，任務重點由反潛作戰能力轉向力量投送和兩棲作戰能力，這是一重大的轉變。英國在該領域發展的效果最明晰的體現是部署「金牛座」09（TAURUS 09）特遣大隊至地中海、印度洋和遠東地區。這支兩棲行動特遣大隊由「堡壘」號兩棲攻擊艦擔任旗艦，包括直升機母艦「海洋」號、2艘「海灣」級輔助船塢登陸艦以及上載一系列部隊。儘管這次行動突出展示了英國皇家海軍兩棲艦隊強大的現代化實力，但這一進步是英國皇家海軍在大幅削減其兩棲艦隊規模的基礎上取得的。

一九九八年《戰略防務評估》最

重要的一點就是決定用2艘更大的航空母艦取代皇家海軍的3艘較小的航空母艦。這3艘航空母艦是在二十世紀六○年作為指揮巡洋艦而設計建造的，排水量為20 600噸。新的航空母艦排水量更大，通用性更強，特別適合力量投送和

快速部署行動。

為了執行《戰略防務評估》提出的要求，英國皇家海軍制訂了一項造艦計畫，重點解決現有的日益老舊的平臺和系統存在的問題。該計畫雄心勃勃，在二〇〇〇～二〇〇二年間有了一個好的開始。當時，皇家海軍訂購了6艘導彈驅逐艦、4艘登陸艦、6艘用於戰略海運的貨船以及3艘巡邏艦。

英國國防部擔心英國的海軍造船工業沒有足夠的能力來建造這麼多的戰艦，從而導致新艦建造進度延期的情況出現。這是國防部要求在訂購兩艘新的航空母艦之前加強英國海軍造船工業的一個原因。為此，二〇〇八年七月一日，英國新成立了BVT水面艦隊造船公司。新的公司整合了BAE系統公司、VT造船公司以及它們的聯合企業艦隊支援

有限公司的水面戰艦建造和壽命週期支援行動。目前BVT水面艦隊造船公司完全屬於BAE系統公司。該公司該擁有如今英國的唯一的潛艇建造商——BAE系統潛艇方案公司。

二〇〇二年,英國國防部將行動預算優先用於阿富汗和伊拉克,皇家海軍得到的預算減少,海軍的訂購計畫要麼取消,要麼推遲。

英國皇家海軍將用45型導彈驅逐艦取代42型防空驅逐艦。該型艦長約152公尺,滿載排水量為7 350噸,比42型防空驅逐艦要大得多。

45型導彈驅逐艦由BVT水面艦隊造船公司建造。首艦「勇敢」號已經於二

下圖:二〇〇七年八月,英國45型驅逐艦「勇敢」號進行海試時,一架「獵迷」MRA4原型機飛過它的上方。

本頁圖：「勇敢」號進行海試時拍攝的照片主承包商BAE系統公司設計的45型驅逐艦，顯然受到了英國此前參與過的「地平線」計畫的影響。但從整體佈局看，符合英國傳統，類似於以前的23型護衛艦。

本頁圖：英國45型驅逐艦「勇敢」號。

○○八年十二月交付。所有6艘驅逐艦將於二○一三年全部服役。

「伊麗莎白女王」級未來航空母艦計畫

未來航空母艦計畫是英國國防部航母打擊計畫的核心部分,其他主要子計畫包括:聯合作戰飛機、海上空中監視和控制平臺以及海上力量到達和維持(MARS)計畫支援艦船。

一九九九～二○○七年為未來航空母艦計畫的評估和驗證階段,最初由泰李斯英國公司和BMT公司發展的一個概念逐漸發展成為一個富有創新性和可調整的未來航空母艦設計方案。該航空母艦最特別的設計是雙艦島上部結構。前部艦島專門用來進行艦船控制,而後部艦島專門管理飛行甲板行動。這些航空母艦將設計一種艦艏滑道以及相關設備,用於短距起飛和垂直降落能力的洛克希德·馬丁公司F-35B型聯合打擊戰鬥機執行作戰任務。然而該設計方案也允許航空母艦經過改裝之後可以通過彈射

下圖:英國皇家海軍把未來海上空中力量的賭注壓在CVF航母和F-35B「閃電」II STOVL型戰鬥機上。這幅想像圖是一架F-35B在「伊麗莎白女王」號上降落。

器彈射戰機和攔阻裝置回收戰機。

二〇〇七年七月二十五日，英國政府批准建造2艘新航空母艦。二〇〇八年七月三日，英國國防部與工業部門簽署了建造合同。這2艘航空母艦分別取名為「伊麗莎白女王」號和「威爾斯王子」號。這2艘艦長為284公尺，排水量為65 000噸，是有史以來皇家海軍建造的最大的戰艦，也是最貴的戰艦，兩艘航空母艦的造價達到了39億英鎊。

兩艘新航空母艦將交給「航空母艦聯盟」來建造，這是一家由BVT水面艦隊公司、巴布考克海事公司、泰李斯集團英國公司、BAE系統公司和英國國防部（既是合作者也是客戶）組成的聯合企業。沒有哪家英國造船廠擁有獨自建造航空母所需的設施和能力，所以要建造這樣的航空母艦必須採取在英國各船廠建造各個部分的策略。

- 下部模塊1（艦首部分）——巴布考克海事公司在阿普爾多爾和羅塞思的船廠；
- 下部模塊2（艦體中段）——BVT水面艦隊造船公司在樸茨茅斯的船廠；
- 下部模塊3和4（艦體尾段）——BVT水面艦隊造船公司在克萊德的造船廠；
- 舷臺（超出上部艦體之外的部分）——巴布考克公司；
- 艦島上部結構——BVT水面艦隊造船公司在樸茨茅斯的船廠；

下圖：「伊麗莎白女王」號和「威爾斯親王」號航空母艦的想像圖。由於交付時間推遲，可能要到二〇二〇年這幅圖片才能成為現實。

- 上部中央模塊——A&P泰恩公司在泰恩塞德的造船廠以及坎默·萊爾德公司在默西塞德的造船廠。

二〇〇八年十二月，「伊麗莎白女王」號航空母艦艦艏部分的鋼材切割在德文郡的阿普爾多爾造船廠開始。大規模建造工作於二〇〇九年夏季在另外一個造船廠開始。

這兩艘艦的最後組裝和整合將在羅塞思進行。二〇一一年夏季，「伊麗莎白女王」號的第一批模塊抵達那裡的1號船塢進行組裝。該船塢要進行重新建造以適應新的任務。第一艘航空母艦組裝完成要花掉兩年的時間，之後才可以開始「威爾斯親王」號的組裝工作。

二〇〇八年十二月，英國國防部希望能夠推遲接收這兩艘航空母艦，並於二〇〇九年三月就此和航空母艦聯盟達成協議。根據新的協議，「伊麗莎白女王」號將於二〇一五年服役，「威爾斯親王」號將於二〇一八年服役。

未來反水雷戰艦

英國皇家海軍目前裝備了16艘反水雷戰艦，「獵人」級和「桑當」級獵雷艦各8艘。這些戰艦將於二〇一七年開始逐艘退役，二〇二六年將全部退出現役。

英國國防部和工業部門最近完成了一項有關英國皇家海軍的聯合反水雷

英國海軍造艦計畫（截至二〇〇九年中）				
計畫	計畫數量	采购數量 （截至二〇〇九年六月三十日）	服役時間	預計費用
「勇敢」級 45型驅逐艦	6	6	2010年	65億英鎊
「伊麗莎白」級 未來航空母艦	2	2	2015年	39億英鎊
C1護衛艦 未來水面作戰艦	10?	0	2019年	未知
C3巡邏艦 未來反水雷艦	8?	0	2020年	未知
「機敏」級 攻擊型核潛艇	7	4	2010年	36.5億英鎊 （僅首批3艘）
「繼承者」彈道 導彈核潛艇	3或者4	0	2024年	110億英鎊

戰能力調查。這些調查提出了一些替代型戰艦的選項，它們包括：可以控制不同水面和水下載具的母艦；傳統的排水量在1 000噸以下的專業戰艦；配備模塊化設備組合（包括獵雷裝備）更大、通用型更強的戰艦。第三類戰艦的概念已經出現，也就是C3型遠洋巡邏艦。

　　C3概念仍然處於調整之中，但是這種遠洋巡邏艦的排水量應該要達到2 000噸。目前皇家海軍只需要8艘C3型艦即可以取代現有的反水雷戰艦，但是要滿足未來近海巡邏的航道測量調查需求，需要更多的C3型艦。現在人們認為，此種艦船將可以通過與工業部門的合作來獲得，之前的「河流」級巡邏艦一樣。C3型艦首艦將於二〇二〇年服役。

上圖：二〇〇九年六月，23型護衛艦「肯特」號正駛離樸茨茅斯港去波斯灣進行部署。根據相關計畫，二五年之後，該艦將會被未來水面作戰艦所取代。

下圖：「桑當」級海岸獵雷艇用來捕獲和摧毀水雷的裝置主要集中在艇艉，圖中展示的是「布里德波特」號海岸獵雷艇。

下圖：「桑當」級海岸獵雷艇是單一用途獵雷艇，每艘造價為4 000萬英鎊，3艘的造價相當於2艘「狩獵」級海岸獵雷艇的造價。

左圖：二〇〇七年六月，「機敏」級潛艇首艇「機敏」被拖出BAE系統公司的弗內斯巴羅造船廠。

下圖：這是較早前BVT公司為英國皇家海軍的C3型反水雷戰艦替換計畫拿出的多用途遠洋巡邏艦的想像圖。

「機敏」級攻擊型核潛艇

新的「機敏」級攻擊型核潛艇將取代現有的1艘「敏捷」級攻擊型核潛艇和7艘「特拉法爾加」級攻擊型核潛艇。新的潛艇長約97公尺，水下排水量為7 400噸。

一九九七年三月，英國皇家海軍與當時的GEC-馬可尼公司（即現在的BAE系統潛艇方案公司）簽署了一份首批3艘「機敏」級攻擊型核潛艇的設

上圖：英國皇家海軍「前衛」級核動力彈道導彈潛艇的艇身上配置一套2043型聲吶系統，能夠進行主動探測和被動探測。

計、建造和服役支援合同。該級潛艇首艇「機敏」號計畫於二〇〇五年六月加入皇家海軍。

這個建造計畫出現了嚴重的費用超支和進度延遲問題。首艘3艘潛艇的造價從最初預計的25億英鎊上漲到了38億英鎊，而整個計畫往後推遲了約五年。

二〇〇七年六月八日，首艇「機敏」號終於從弗內斯巴羅造船廠駛出進行海試。當時，BAE系統公司非常樂觀，認為該潛艇可以在二〇〇八年八月交付。但不幸的是，該艇發生的一系列事故（包括二〇〇九年四月航行的一次火災）以及無法確定的技術問題使得服役日期進一步後延。

「機敏」號潛艇於二〇〇九年秋季開始海試，於二〇一〇年交付。該級潛艇第二艘「伏擊」號於二〇一〇年初下水，第三艘潛艇「機警」號計畫二〇一三年交付。

直到二〇〇七年五月二十一日，英國國防部才決定投入2億英鎊開始建造第四艘「機敏」級潛艇「勇敢」號，該艇的龍骨於二〇〇九年三月二十四日鋪設。

英國皇家海軍計畫採購7艘「機敏」級潛艇，在二〇二〇年前進行交付。

本頁圖：上圖為經過改裝的「河流」級近海巡邏艦「克萊德」號，下圖為「獵人」級獵雷艦「科提斯托克」號，它們都將被新的C3遠洋巡邏艦所取代。

越南

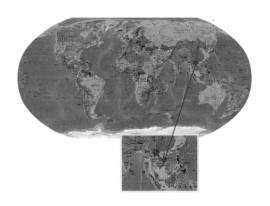

近些年來，越南經濟穩步發展，越南海軍也不斷進步。海軍現役主戰裝備包括袖珍潛艇2艘、護衛艦5艘、輕型護衛艦艇6艘。越南海軍採購的重點是提高其近岸防禦能力，以俄羅斯為主要的軍備供應商。據報道，越南海軍從俄羅斯採購了至少2艘P-1166.1「獵豹」級輕型護衛艦，以及數艘P-1241.1「毒蜘蛛」級和P-1241.2「波克」級輕型護衛艦。越南海軍還投入經費發展海岸監視和防禦裝備。越南海軍以18億美元的價格從俄羅斯聖彼得堡的海軍部造船廠採購了6艘「基洛」級常規潛艇。

智利

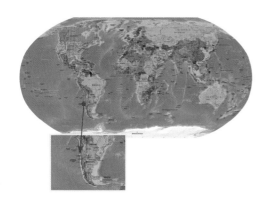

智利東同阿根廷為鄰，北與秘魯、玻利維亞接壤，西臨太平洋，南與南極洲隔海相望，海岸線總長約1萬公里。儘管智利海軍近些年得到的預算不如巴西海軍那樣多，但是和阿根廷海軍相比，其發展預算還是比較充足的。近些年國際市場銅價格上漲，使這個以銅出口為主導工業的國家收穫頗豐，因此武裝力量發展的經費有了保證。智利海軍從英國和荷蘭採購導彈護衛艦，加強其水面艦隊力量。二〇〇八年十月二十一日，23型導彈護衛艦「康德爾海軍上將」號（原來的「馬爾勒巴」號護衛艦）加入智利海軍，標誌著這一採購計畫的完結。在水下作戰能力方面，智利海軍採購了2艘法國和西班牙聯合研

智利海軍主要艦艇構成						
類型	級別	數量	噸位	尺寸 (米)	艦員	服役日期
主力水面护航舰						
導彈護衛艦	「威廉姆斯上將」級（22型第2批）	1	5 500噸	148×14×7	260人	1988年
導彈護衛艦	「科克倫海軍上將」級（23型）	3	4 200噸	133×16×7	185人	1990年
導彈護衛艦	「普拉特海軍上尉」級（L級）	2	3 800噸	131×15×6	200人	1986年
導彈護衛艦	「裡維羅斯海軍上將」級（M級）	2	3 300噸	122×14×4	160人	1992年
潛艇						
常規潛艇	「奧伯隆」級（「鮋魚」級）	2	1 700噸	66×6×6	30人	2005年
常規潛艇	「湯普森」級（209型）	2	1 400噸	60×6×6	35人	1984年

製的「鮋魚」級潛艇，並對現有的2艘209/1300型「湯普森」級潛艇進行了現代化改裝。

和其他拉丁美洲國家海軍一樣，智利海軍也越來越強調發展其近海巡邏能力。智利海軍從德國法斯莫爾造船公司採購了2艘OPV80型近海巡邏艦。第一艘「皮洛托·帕爾多」號於二〇〇八年六月十三日交付智利海軍。該艦由智利艦船建造商ASMAR的塔爾卡瓦諾造船廠建造，滿載排水量為1 725噸，使用兩臺瓦錫蘭12V 26柴油發動機，最大航速為20節，以12節航速航行時航程可達8 000英里。該級巡邏艦的第二艘在二〇〇九年底前完成建造。智利還將以這些近海巡邏艦為基礎，希望可以向其他拉丁美洲國家出售近海巡邏艦。

下圖：智利海軍23型導彈護衛艦「科克倫海軍上將」號（英國皇家海軍原來的「諾福克」號）二〇〇七年在英國水域航行的照片。智利海軍向英國採購3艘該級導彈護衛艦。二〇〇八年十月二十一日，「康德爾海軍上將」號（英國皇家海軍原來的「馬爾巴勒」號）抵達瓦爾帕萊索港。所有3艘艦均已交付。

本頁圖：智利海軍裝備的德國法斯莫爾造船廠的OPV80型近海巡邏艦「皮洛托·帕爾多」號，目前阿根廷和哥倫比亞都對該型近海巡邏艦有興趣。

中國

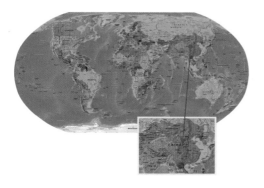

二○○九年四月二十三日在青島舉行的紀念人民海軍成立60週年的盛大海上閱兵式上，中國向世界展示了其潛艇技術，中國的核潛艇第一次公開露面。過去一○年，人民海軍不斷有新設計建造的彈道導彈核潛艇、攻擊型核潛艇和常規動力潛艇服役，並且有新潛艇還在建造當中。從官方的公開聲明看，中國希望逐步發展部署航空母艦。中國採購的前蘇聯「瓦良格」號航空母艦在海試，目前的狀態離服役這個目標近在咫尺。該艦的徑向是中國海上力量不斷擴展背景之下海上戰略的長期目標。在國家遠洋海軍戰略的指導之下，中國已經開始了一項旨在發展「藍水」海軍的現代化計畫，以保護這個國家在遠海的利益。因此，中國海軍已經從一支海岸防禦力量發展成一支攻擊力強、能夠在中國本土海域之外高海況條件下作戰的海軍力量。

人民海軍現在強調反海盜行動，強調要具備保護重要海上交通線的能力，這是一個重要的戰略因素。這與中國出口導向型的經濟中海上貿易起到的基礎性作用有關。

過去二○年中，中國海軍水面作戰艦的數量已經大大擴展，其作戰潛艇部隊的規模也有一些增加。更重要的是，中國海軍已經能夠讓一些在二十世紀九○年代之前建造的老舊艦船逐步退出現役。過去五年，中國海軍實施了一項令人印象深刻的造艦計畫，建造了現代化水平較高的艦船。同時，中國海軍還從外國採購艦艇，如從俄羅斯採購現代級導彈驅逐艦和基洛級柴電潛艇，作為國內造艦計畫的補充。這些採購填補了新的國產戰艦服役前的戰力空缺，也由此獲得了中國沒有的先進的海軍技術，如9M38M2（SA-N-12）防空導彈，

中國人民解放軍海軍主力艦艇構成

類型	級別	數量	噸位	尺寸(米)	推進	艦員	服役日期
主力水面護航艦							
導彈驅逐艦	051C型「瀋陽」(「旅洲」級)	2	7100噸	155×17×6	蒸汽，29節	未知	2006年
導彈驅逐艦	052C型「蘭州」(「旅洋II」級)	2	6500噸	154×17×6	柴燃聯合，18節	280人	2004年
導彈驅逐艦	052B型「廣州」(「旅洋」級)	2	6000噸	154×17×6	柴燃聯合，29節	280人	2004年
導彈驅逐艦	956E/EM型「杭州」(「現代」級)	4	8000噸	156×17×7	蒸汽，32節	300人	1999年
導彈驅逐艦	051B型「深圳」(「旅海」級)	1	6000噸	154×16×6	蒸汽，31節	250人	1998年
導彈驅逐艦	052型「哈爾賓」(「旅滬」級)	2	4800噸	143×15×5	柴燃聯合，31節	260人	1994年
導彈護衛艦	054A型「徐州」(「江凱II」級)	16	4100噸	132×15×5	全柴聯合，28節	190人	2008年
導彈護衛艦	054型「馬鞍山」(「江凱」級)	2	4000噸	132×15×5	全柴聯合，28節	190人	2005年
導彈護衛艦	053H2G/H3「安慶」(「江衛I/II」級)	14	2500噸	112×12×5	全柴聯合，27節	170人	1992年
導彈護衛艦	053H/HI/H1G/H2「常德」(「江湖」級)	28	1800噸	103×11×3	柴油機，26節	200人	1974年
潛艇							
彈道導彈核潛艇	094型(「晉」級)	6	9000噸	133×11×8	核動力，20節以上	未知	2008年
彈道導彈核潛艇	092型「夏」(「夏」級)	4	6500噸	120×10×8	核動力，22節	140人	1987年
攻擊型核潛艇	093型(「商」級)	2	6000噸	107×11×8	核動力，30節	100人	2006年
攻擊型核潛艇	091型(「漢」級)	5	5500噸	106×10×7	核動力，25節	75人	1974年
常規潛艇	039A/041型(「元」級)	2	2500噸	75×8×5	AIP，20節以上	未知	2006年
常規潛艇	039/039G型(「宋」級)	16	2300噸	75×8×5	柴電，22節	60人	1999年
常規潛艇	877EKM/636計畫(「基洛」級)	12	3000噸	73×10×7	柴電，20節	55人	1995年

53-65KE尾流自導魚雷和「頂板」遠程立體搜索雷達等。

　　中國海軍是中國人民解放軍四大軍種之一，通過四總部直屬於中央軍事委員會，其總部設於北京。現任中國海軍司令是吳勝利上將，現任海軍政治委員會是劉曉江中將。中國海軍編為三大艦隊：北海艦隊（總部設於青島）、東海艦隊（總部設於寧波）和南海艦隊（總部設於湛江）。每個艦隊均由水面艦艇部隊、潛艇部隊、海軍航空兵部隊、海軍陸戰隊、海岸防禦部隊以及多種訓練、服務和保障單位組成。中國海軍目前的人員總數約為255000人，其中有26000人為海軍航空兵，10000人為海軍陸戰隊，約27000人為海岸防禦部隊。和中國人民解放軍其他軍種一樣，中國海軍採取的是一種有選擇的服役制度。義務兵服役期為二年，之後他們可以申請作為士官繼續服役。中國海軍軍官分為5種：軍事軍官、政治軍官、後勤軍官、裝備軍官或者專業技術軍官。中國海軍幾乎所有的軍官都接受過三年的高中教育或者四年的本科教育，許多已經獲得了碩士或者學士學位。中國海軍中，軍官、士官和義務兵的比例約為1:1:1。軍官教育由分布在全國的9所海軍院校來提供。

　　中國海軍每支艦隊有2到3個主要基地和一些小型基地。主要的海軍基地包括：旅順、青島、葫蘆島、上海、舟山、廣州、湛江、榆林和西沙。中國國有的造船工業分為兩大集團：中國船舶工業集團公司和中國船舶重工集團，它們都能建造所有類型的海軍船舶。水面艦艇主要的建造基地位於大連、上海、蕪湖和廣州。常規潛艇主要建造基地是在武漢和上海。核動力潛艇在葫蘆島建造。

下圖：儘管目前中國海軍行動的重點是保護其貿易航線，但是它能夠在行動上更進一步。這是美國「無瑕」號海洋監視船在公海海域被中國「漁船」阻撓的畫面。

上圖：過去幾年中，中國已經實施了一項令人印象深刻的造艦計畫，建造了一些現代化艦艇。圖中所示是二○○七年九月，052B「旅洋J」級導彈驅逐艦「廣州J」號正駛離樸茨茅斯港。